U0910562

愿你历经山河，觉得人间值得

章珈琪 著

天津出版传媒集团
天津人民出版社

图书在版编目（CIP）数据

愿你历经山河，觉得人间值得 / 章珈琪著 . -- 天津：天津人民出版社，2020.3

ISBN 978-7-201-15837-2

Ⅰ . ①愿… Ⅱ . ①章… Ⅲ . ①成功心理—通俗读物 Ⅳ . ① B848.4-49

中国版本图书馆 CIP 数据核字（2020）第 036526 号

愿你历经山河，觉得人间值得

YUANNI LIJING SHANHE, JUEDE RENJIAN ZHIDE

出　　版　天津人民出版社
出 版 人　刘　庆
地　　址　天津市和平区西康路 35 号康岳大厦
邮政编码　300051
邮购电话　（022）23332469
网　　址　http://www.tjrmcbs.com
电子邮箱　reader@tjrmcbs.com

责任编辑　陈　烨
出版策划　春风化雨
策划编辑　王敬波
装帧设计　仙境设计室

制版印刷　北京柯蓝博泰印务有限公司
经　　销　新华书店
开　　本　880 毫米 ×1230 毫米　1/32
印　　张　10
字　　数　220 千字
版次印次　2020 年 3 月第 1 版　2020 年 3 月第 1 次印刷
定　　价　39.80 元

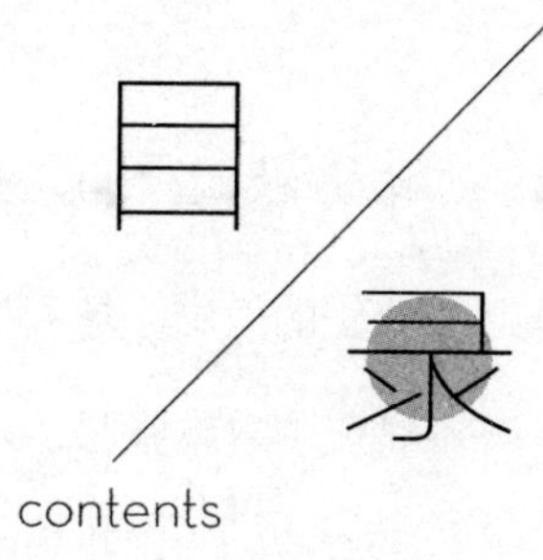

目录

contents

辑二　以冲破云霄的力量去怒放

辑三　愿你历经山河，觉得人间值得

辑四　余生很长，谢谢你一直捧场

人生如逆旅，未来亦可期

愿你心怀热望，永远款款向上

1

你在伦敦。

北京时间 2018 年 5 月 19 日下午 4 点。

亲爱的乔妍，你真的到了查令街 84 号，多么让我欢欣鼓舞！

我看到你在伦敦的晨光中，在络绎的人群中，你的笑容带着青青草香，跨过 12304.76 千米，携着大西洋东岸温暖的海风翩然而至。

虽然没能亲自去参观你的伦敦陶艺展，但是你一定能感受到我最诚挚的祝福和赞美。

我为你骄傲！

网上有不少你的陶艺展的照片和视频，有人还专门做成了 MV，所以，我无须打扰你，就已经能身临其境。我的心在雀跃，在为你欢歌。

你今天很美。非常得体的装扮，淡雅的妆容以及恰到好处的话语，不得不说，你像个成功人士，不，其实现在你已经是个成功人士了。

今天的你如众星捧月，整个展览中展出的近年来你的上百个作品，琳琅满目，让人惊讶，让人钦佩。你侃侃而谈，和众多媒体记者以及“粉丝”合影，所有人都看到你的光芒四射，你的眼中也充满幸福的喜悦和光辉。

等这一天已经很久了，或者，你大概也从未想到会有这样一天，你是个纯粹又谦虚的女孩，只知道努力。

我想提醒你一句，你知不知道你自己遗失了一件东西？

是哦，一件伴随你成长很多年的东西，你终于还是把它给丢了。

这件东西丢了其实并不可惜，你甚至还要感谢自己终于丢失了它——你的玻璃心。

2

我在北京。

伦敦格林尼治时间 2018 年 5 月 19 日上午 8 点。

你离开的北京现在已经是初夏了。北京的夏天，你知道的，总是热烈得不像话，让人猝不及防。我常常觉得每个城市的夏天就是一群刚刚从藩篱中获得自由的顽童，而北京的夏天便是那个最淘气的一个了。需要点什么来降降温，空调也不管用，所以大家都去学冥想去了，而我，我一冥想就想起你在北京的那些年。

那一年我研二，你才刚刚大二。那一次在刘教授的作品展览会上，我一眼就看出你是个特别的女孩，展览会结束后大家都在高调地高谈阔论，只有你，在那些作品中来回逡巡，仔细端详。后来展览馆快要闭馆了，我已经开始核对作品数量，你迟疑地走过来问我，你可不可以转系学陶艺。

我有点儿诧异，但是我感受到了你的渴望，于是我告诉你，我可以帮你找导师问，你可以业余时间学习，明年再申请试试。

你非常开心，你的笑容让我很感动，就这一个小小的尚未达成的愿望就让你为之激动，你该是个多么善良和淳朴的女孩。

我们成了好朋友。

我没有想到你是一个那么敏感的女孩。

你学的是设计专业，我很快就在比赛中注意到你的作品，你的作品带着极强的个人风格。可是，很快我就在学校的论坛看到了有关你的帖子，我才了解你想转系的原因。

当然帖子是有攻击性的，有人提到了你的师兄沈鹤。沈鹤蜚声校内外，俊逸潇洒，专业成绩优异，更重要的是有一副充满磁性的歌喉，让学校的迷妹们甚是痴迷。可是据帖子里所言，这样的翩翩“学霸”对许多女孩的主动示好不为所动，却对你情有独钟。他们在帖子里极尽挖苦和讽刺，讥讽你不过是一个来自小城的灰姑娘，没有惊艳的容颜，没有超凡的家世，拿什么来与大都市的公主们媲美。王子不过是一时受到你的蒙蔽，说不定你使了什么障眼法，博得他的一时好感，但也只不过是一时好感罢了。王子锦衣玉食惯了，想偶尔尝尝野味，换换口味而已，他怎么会看得上你这样平凡的女孩？学校里各系的校花加起来也有十几个，随便哪个都比你强不知多少倍，你真是不知天高地厚。你的这个作品，他们也认为有沈鹤的风范，是故意讨好沈鹤。在他们的口中，你成了一个抛弃了前男友，会使迷魂术的妖孽。

于是你哭了。你很崩溃。

那晚正好我去宿舍找你，撞上你在痛哭流涕。没一会儿沈鹤也来了，他听见你在哭，推门而入。他着急地跟你解释：“你怎么那么傻，正因为你太出色，他们才制造事端，故意中伤你，因为显然你取得了好成绩。”

你倔强地摇头：“不，沈鹤，以后我们不要再有交集。”

“可是我真的喜欢你呀！”沈鹤说。

“对不起，我不喜欢你。”你擦干泪说。

沈鹤错愕地看着你，好久，他低下头伤心地说：“对不起，我不会再来给你添麻烦了。”

你真的和他保持了距离，可是关于你的帖子仍然还有，微博上，微信朋友圈，仍然偶尔能看见别人对你的诽谤和攻击。

你难过地说：“不懂这个世界，我究竟做错了什么？我已经按照他们希望的去做了，为什么还是不能让他们满意？”

你还不知道，这个世界，不论你做什么，总会有质疑。

你说你想变成一只蜗牛，藏在壳里是不是就可以不再惹人注意，就可以安然做自己。你更加沉默和不爱交际，我在校园里遥遥地望见你沉默的背影，在中午的日光下影子被拉得很长。

可是你没有一天放纵自己，从没放弃努力。

你开始专心和刘教授学陶艺。那一年的秋天恰好有个实践机会，刘教授带我们一起去了景德镇，盼望已久的景德镇之行终于实现了。

我没有想到，景德镇之行会是你新的人生起点，不知道你当时是否有感知。

刘教授是景德镇的熟人，他带着我们一个店铺一个店铺地参观巡访，家家店铺都很热情地招待我们。于是，我们从开始的揉泥拉胚，到后来的烧釉，都在他们的帮助下完成。当然，学习的过程中困难很多，我只是跟着学了几天，就没了耐心。可是你真的爱上了这门技艺，爱得如醉如痴。好几个深夜我卧在椅子上睡着，梦里惊醒见你还在那里专心地拉胚，泥坯因为干燥干裂，于是你一次又一次重来。我很好奇，热爱真是个好东西，有了它，你似乎有用之不竭的热情和耐力去忍受失败、挫折，踏平荆棘。

我没到一个星期就跑回北京，而你，在景德镇住了整整一个假期。

开学再见你，已经黑了好几个色度，手也不再细嫩，可是你的笑容让我很诧异，里面多了很多没有过的东西，它们来自心灵的丰沛。

更让我没有想到的是，毕业后同学们很多去了大的广告公司，而你，再次去了景德镇，并且留在了那里，你说，你爱上了那里。

你喜欢那种用双手创造美的过程带来的惊喜，喜欢将自己的思想和审美融入作品的表达。你和你的创作一样，终于在这淬炼过程中变得坚硬又润泽。这份宁静之美，是时光与心灵的对话，是岁月的滋养，终于让你变得成熟，也渐渐剔掉了那份敏感。

这份由内而外滋生出来的自信和雍容，任何语言的中伤在它面前都黯然失色，毫无杀伤力可言。

所以，你成了今天的你，此刻在伦敦的你。我看到了你脸上神祇般的光辉，那是岁月的馈赠。

3

他在景德镇。

北京时间 2018 年 5 月 19 日下午 3 点 56 分。

你的作品展是在今天傍晚结束，你原定的是明天晚上的航班。可是明天是一个有纪念意义的日子，我很有远见地帮你订了今晚的航班，你明天早上就可以踏上久违的土地。（虽然你才离开几十个小时，我觉得你心里也一定很想念亲人们。）

当然，航班的终点不是北京，是景德镇。

有人在等你。

你猜到了吗？没错，是沈鹤。

沈鹤没有去伦敦看你的展览，因为他说你闪耀的时刻有太多人见证，他想陪你在所有平凡的日子。他仍然怀念那个还没有霓裳羽衣的你。

正如我们在微信朋友圈里看到的那样，沈鹤毕业就被上海的一家广告公司邀请去做了创意策划，几年后的今天已经是创意总监，小有成就。可是你知道的，他一直没有恋爱，而你，也一直一个人。

你们该不是有默契吧？

沈鹤无论走到哪都会受到关注，没办法，大概就像人们调侃的那样，自带男主角光环。可是这位男主角心里，他的女主角一直都是那个总是想缩在蜗牛壳里的女孩。

其实，你不知道的是，沈鹤常常给我发来微信，问我你的近况，你的消息。你在景德镇的生活，还有你的作品，他都知晓。

有一次我问他："那么多追你的女孩，你怎么不去和她们谈恋爱，偏偏对乔妍感兴趣。"他说，看遍了浮华，便更觉得质朴的可贵。

或许吸引他的，正是乔妍你身上的那种宁静的热忱，让人想到山川湖泊、碧波青草、花鸟鱼蝶和浩渺星空，任岁月汤汤，四季更迭，你兀自怡然。而今，你更是指尖流溢绚烂，巧思绣满芳华。走近你，如清风拂过，草木浸润，一颗流离浮躁的心便立刻找到安放之所。

沈鹤说，总有一天他会去打碎你的壳。

可是他不知道的是，蜗牛的壳已经随着玻璃心的消逝蜕变成有力的翅膀，你已经飞起来了。

那些质疑，那些诋毁，那些诽谤和中伤，终将被岁月的洪流淹没，因为见不得光，必将成为腐朽。而你的勇气，成为托举你成长的力量，无可匹敌。

任世界繁华喧嚣，你自有柳岸长堤在江南安好。

你说过，你一定要去查令街的老书店看一看，《查令十字街84号》

的故事深深打动了多少人。你今天真的站在那里，想到那个老店主，你有没有感觉到有一种情绪在激荡？哦，我闭上眼想想就觉得心潮澎湃。

知道吗，沈鹤随身带的书也是《查令十字街 84 号》。所以，我们都是容易感怀和怀旧的人！

4

你的航班已经帮你定好，不过，还是坦白告诉你吧，订机票的人不是我，是沈鹤。

他在景德镇等你。

就让他看看你美丽的翅膀吧！

愿你永远心怀热望，永远款款向上。

祝福你！

我以勇气
写我的史记

1

作为一个很清高的新媒体记者，陆鸣对今天的采访却是很期待。因为今天的采访人本身就是个话题人物，也是个自带流量的小公众人物。出发之前，主编千叮咛万嘱咐，一定尽可能详谈她的梦想，她的未来，乃至她的隐私。

呵呵呵，隐私。陆鸣一直很不屑于探究别人的隐私，可是对于今天被采访的对象，他还真是很好奇——盛茂企业周其睿之女。

陆鸣如约开车来到约定地点——西西里小区，住宅果然豪华。他按了门铃，自动门开了，他走进去，乘电梯上了25层，右边门半开着，一位清秀的姑娘站在门口，一边拿着手机接听电话一边冲他微笑点头迎他进来，做手势带他走进书房，示意他坐沙发上等候。

姑娘是采访对象周茉本人无疑，陆鸣在网上见过她的照片。陆鸣笑着点点头，周茉又歉意地一笑，小跑去了阳台。她在用英文对话，看样子是在打一个很重要的电话。

周茉的声音隐约能听见，陆鸣打量起她的书房来。豪宅里的一切物品果然有不同寻常的品质。不得不说，她显然是个爱书之人，偌大的书架占满整整一面墙，旁边的书桌上放着她和周其睿的合影，还有几张她自己的照片以及一个素雅的台灯。除此之外，一个翻开的笔记本反着放在桌上，引起了陆鸣的注意，笔记本旁边还有一支签字笔和笔帽，很可能是之前她正在写什么，听到敲门声就将笔记本扣在那里出去开门。陆鸣想了片刻，虽然知道偷窥别人隐私不应该，但是好奇心驱使他想看一下，毕竟机会难得，他还重任在肩，或许能获得珍贵的独家保密材料。于是，他将那个笔记本翻过来，看到了那些字。

2

《我的史记》

……

公元2014年，我22岁，大学毕业，陷于迷茫，想找到自己。

公元2018年，我28岁，我大学毕业六年，写下一百万字，五本畅销书。

公元2028年，我38岁，我已经结婚生子，成为一位有多本畅销书的作家。

公元2038年，我48岁，我成为一位摄影家，和一位有影响力的作家，以及一个成功的妻子和母亲。

公元2048年，我58岁，我期待过往奋斗岁月回馈给我的厚礼，我将继续努力。

公元2058年，我68岁，日程很忙，忙于与家人采菊东篱，用摄影记录下人生的恬淡惬意。

公元2068年，我78岁，未完待续。

……

陆鸣忍俊不禁，这个周茉果然有意思，还给自己写个编年史。可是，可是接下来，他就笑不出来了。

所有人都觉得我很好命，出生便被戴上富二代的帽子，事实上，我并不是幸运儿。我并不是什么富二代，我只不过是被我的富豪爸爸领养的孩子。在我4岁那年。他们都以为我那时候还小，不会记得什么。但是，或许我就是那个例外，小时候的事情，我都还记得无比清晰。

现在闭上眼还常常看见那个小周茉在一觉醒来发现自己在一个陌生地方的慌张和恐惧。孤儿院的院长奶奶慈爱地告诉我说，这里叫孤儿院，是我接下来要生活的地方，也或许我将来就要一直在这里长大。我不知道我的爸爸妈妈去了哪里，我只知道他们不要我了，我再也没见过他们。然后，我现在的爸爸妈妈就走进了我的生命里。像很多人所知道的，就是周老板和他的美妻钱盼盼。我大概是被钱盼盼的美丽迷醉，就那么乖乖地待在她的怀抱，任她把我带走。那个时候我就恍惚觉得钱盼盼的美真的能征服整个世界，多年以后她用实力证明了我的判断。她又征服了一个外国老板，那个外国老板乐于给她弄到绿卡，她现在已经成为美籍华人，在美国定居。

还好，周老板还有我。客观来讲，周老板的确是个好爸爸。他在我面前从来没提起过领养的事，把我当成亲生女儿看待。但是他从来不知道，我其实知道这件事。事实上，事情过去这么多年，知情的人的确不多。

我在钱盼盼要离开他的那个晚上知道了这件事。那晚他们大吵了一架，于是我听懂了。钱盼盼称呼我为小妖精。她对周老板说，你唯一一个优点就是对那个领养的小妖精还不错。但是，当心，等她长大了，花光你的钱之后也会离开你。现在，我们再见吧！

于是他们就再也没见了。我当时就发誓，我不会离开周老板的，那样周老板就太可怜了。周老板对我一直很好，一直耐心地等到我上了大学，他才又找了一位姓王的阿姨。看在周老板的面子上，王阿姨对我也还不错。

在这十几年里，我的脑门上一直贴着“周老板继承人”的标签，那并不好受。在同学们眼里，我吃得好，穿得好，无论到哪里都是头等舱待遇，拥有这世上一切的便利和优惠。他们投来的羡慕的眼神让我很不安，他们不小心流露出的嫉妒和怀恨的目光也让我忐忑。我并不想成为众矢之的。在我高中的最后一年，我决定，总有一天我要撕下这个标签。我就是我，我叫周茉，不叫周老板的继承人。事实上，我将来还未必一定就是他的继承人。他和王阿姨可能在不久的将来会孕育一个小孩也说不定。

我高中毕业的时候，本来可以享受学校的保送待遇直接进入大家梦寐以求的中国传媒大学，可是我拒绝了，我要自己考，我要以我自己的能力获得所希冀的东西。虽然最后证明我的实力确实有限，我并没能考上比中国传媒大学更好的大学，但是毕竟是我自己用努力获得的，我就这么大能力，那么我接受我应得的那一份。

于是我就在西安外事学院读完了大学，学了英文专业。远离家乡，终于没人知道我是周老板的继承人，终于我做成了周茉。我一边读书一边打工，每年都能获得奖学金，从大二起我就不再向周老板要学费了。周老板给我的那张卡，我从来都没动过。

大学毕业后，周老板问我要不要去他的企业，我坦白地说，我对他的企业丝毫不感兴趣，我想做点儿自己喜欢的事。他斟酌再三告诉我，他会支持我的任何决定。

我真的很感动啊，有这样一位父亲，是我的幸运，也是我的骄傲。但是，我却从来不想跟他搅在一起，这让他觉得我有些疏离。

我觉得既然我有这样一个和旁人不同的身世和成长历程，那么我也应该有一个和旁人不同的人生。我想做一个大胆尝试，想奔赴世界各地，去汇入不同的地域风景，去寻找和我一样的人，和我不一样的人，探究他们各异的人生。我想把所有我看到的、听到的，种种经历，人间百态，都汇聚起来，诉诸笔端。告诉人们，这个世界有多辽阔，你所拥有的和向往的，是多么值得去为之努力。

于是，我在两年前开始了我的旅居生涯。正如很多人看到的，我去了很多地方。从曼哈顿到西伯利亚，从古埃及到非洲草原，我写下许多的旅行日志，拍了大量的世界风光。我到了世界的中心和尽头，在高加索的山上等过日出，在地中海旁看过日落。每天我都在世界的某个角落对它说，瞧，我来了。

然后，正如大家看到的，我万万没有料到，我火了。

某一天，我发在互联网上的帖子一夜之间被疯转。然后，我被记者包围，我的邮箱就要被挤爆。

然后，有人挖掘出了我的隐藏身份——周老板的继承人。

哎，多么无奈，我千辛万苦好不容易摘掉的标签又被重新贴了回来。

因为，“假若不是周老板的财力，你一个刚毕业的姑娘有什么资本和勇气去环游世界，能有今天的成绩？”到处都是这样的质疑和不屑。

可是他们不会知道，我曾经连续几十个小时坐着火车硬座到高加索，为了攒够去欧洲的车票，我用了半年时间风雨兼程地同时做几份兼职。我又曾多少次在陌生的国度遇险，多少次险象环生，多亏有好心人的帮助才化险为夷。

好吧，这其中的心酸，只有我自己知道，还有周老板也略知一二。没有第三个人知道了。

今年是我旅居生涯的第三年。幸运的是，经过三年的努力，我已写下近百万字，出版了三本旅居散文，非常畅销。在这个过程中，我重新认识了我自己，越发爱这个世界，它让我知道，努力和坚持的重要。

未来三年，我会继续走到世界的更远方。

3

陆鸣很汗颜。作为一个家境并不富裕的男生，他尚且没有这种勇气，不，确切地说是胆气。而这个姑娘，作为一个富二代，真是让人刮目相看。

陆鸣听见周茉说了一句“bye”，他赶紧把笔记本又按原样放回原位。周茉刚好快步走进来。

“不好意思，让你久等了！”周茉说。

“不久，不久。”陆鸣的眼中冒出星星。

“你好，周茉，坊间流传一句话，你说过，如果不努力，就只能回去继承爸爸的产业了。大家都觉得你太狂了，当笑话一样在疯传。你是怎么想的，能否分享一下？”

“大家都觉得很好笑的一句话，可是对我，它真的是很悲催的一件事。我真的一点儿都不喜欢周老板的公司啊！”

“哈哈！”

采访非常愉快，周茉有问必答，采访结束，陆鸣向周茉要了一本签名书。

他用了两个晚上看完了整本书，也跟随她的足迹有了奇妙的体验。

她写得飘逸洒脱又充满诗情画意，于是他看到丛林迭部、小岛俊逸，看到最纯粹的蓝色天空，走进童话里的古堡，嗅到大自然最神秘的气息。

在同龄人还在转发锦鲤祈求好运遥望未来的时候，这个姑娘背着行囊走在人生路上亲历沧桑。她与冰雪为伴，以烈日为歌，有过惊心动魄，也有过欣喜若狂，有过惶恐胆怯，也有笃定和执着。她以心灵为滤镜，将所有的艰难都略过，呈现给人的是一部世外桃源的传说。

苍穹为证，星辰作序，你的史记，无与伦比。

陆鸣辗转反侧了几天后还是给周茉发了一条微信消息——“你下次去旅行，可不可以带上我？到哪都可以。”

仙女就该
所向披靡

1

2017年春天，人人都知道袁晓橙家里出了个仙女，声名远播。但是，不是她，是她奶奶袁梦。

袁奶奶就在76岁的春天，迎来了如火如荼的说不上人生第几次的春天，成了网络名人，登上了时尚杂志封面。

有人在路上偶遇袁晓橙，会问她：“你是袁晓橙吧？”

“对啊，你怎么知道？”

“我是袁梦的粉丝，她有几张和你一起的照片，所以就认识你啦，其实你也挺好认的。”

每每听到这样的回答，袁晓橙都觉得“啪啪”打脸。奶奶这是实力圈粉啊，她袁晓橙也是实力无粉啊！

回到家，她对奶奶哀号：“明明是我帮你红起来的好吗？”

坐在阳台藤椅上看杂志的袁奶奶从眼镜上方抬起眼看着她，莞尔一笑：“你嫉妒我。”

袁晓橙赌气地甩掉鞋子，快步冲到冰箱里拿一罐冰镇可乐，猛地启开，“啪”地一声过后冒出凉丝丝的泡沫。她肆意吸吮一大口之后，才报复地假笑一下说：“对，我就是嫉妒，我就不给你喝！”然后昂首挺胸解气地拿着可乐回房间，关上门。

奶奶只是嘿嘿一笑：“死丫头。”

2

其实，袁晓橙心里还是挺为奶奶骄傲的。

谁说老年人就没有青春了？袁晓橙从包里拿出最新一期杂志。封面上的奶奶身着一件彩虹牛仔 T 恤，头上戴蓝色牛仔宽檐帽，一个超大款墨镜，配以夸张的耳圈和一个大红色的唇。虽然满脸皱纹，却因皮肤白皙而有一种格外的美丽神韵。酷极了！袁晓橙一边喝可乐一边看。奶奶这款口红颜色叫斩男色，是最新的流行色，晓橙想想就乐。

再往里页翻，是奶奶各种调皮欢快或者优雅的造型，虽然年纪已大，却丝毫不减身上的雍容尊贵，这便是气质吧。

看罢，袁晓橙板起面孔拿着杂志走出来，走到奶奶身旁。

“给！你的斩男色赢了全世界。”

“哈哈！还是我孙女厉害！要不要我帮你赢个全世界？”奶奶一边接过杂志一边笑。

“不需要。”

袁奶奶走红这事追溯起来非常有趣。某一天，袁奶奶去影楼接袁晓橙下班，摄影师想试一下刚刚换的新设备，恰好奶奶坐在一片柔光里，引起了摄影师的兴趣，就随便给她拍了几张，没想到效果出奇的好。他说：“哎，奶奶年轻的时候一定是个大家闺秀吧，很适合拍照！如果再年轻点儿可以当模特呢。”袁晓橙于是想到奶奶年轻时候并没有留下多少照片，那时候只有重要日子全家才去照相馆拍照，她自己的照片就更少得可怜了。作为化妆师的袁晓橙突然就想到给奶奶化妆拍些照片。于是，她用手机给奶奶拍了很多照片，起初只是拍着玩的，放到了网上，却没有想到引起了喧嚣，更没想到后来就有杂志来约图。奶奶很快就火了，势不可挡。目前，奶奶的稿酬非常之多。

“需不需要我帮你一下？你需要钱的话奶奶这里有啊！”奶奶大度地说，她看起来像个救世主。

“当然不需要。”袁晓橙嘴硬地说。

于是，袁奶奶怡然地望着岁月静好，袁晓橙焦灼地守着声声告急的余额宝。

3

奶奶当然是不知道年轻人的难处的吧。

比如，有的年轻女孩每个月都要花两千元在化妆品上；比如，有的年轻女孩每个月都要添新衣、买新包；还有，每人都要有几件体面的大牌傍身才能够衬托身份，至少不会让人觉得没层次。可是，和袁奶奶相依为命的晓橙从来不跟奶奶说这些难处，因为，含辛茹苦的奶奶为了把她养大，已经拼尽全力了。

可是，晓橙是个爱面子的人，在这样的时代，人总得给自己贴个标签才能立足，才算得上有个性。聪明的晓橙一直就有自己的标签——极简主义。

现在不是流行极简主义吗？

可是，晓橙在流行风潮开始的两年前就已经奉行极简主义了。

只有晓橙自己知道，她这奉行的极简主义不过是掩盖自己捉襟见肘的真相，不得已而为之。

当然，她会把自己掩饰得很好，在任何场合，她都妆容精致，没人知道她用的化妆品其实是非常普通的牌子，隆重的场合才用大牌化妆品，却也只是大牌化妆品免费赠的小样。因为皮肤比较好，所以，很多人使用许多大牌面膜才能达到的水润光泽效果，对于她来说自然天成。

那些大牌的衣服实在是太昂贵，一件动辄几千元，名牌包包的价格也让人咋舌，至于高档珠宝首饰她也只是在柜台边瞧一瞧饱饱眼福就好了。要知道这个世界那么大，哪能喜欢的东西都占为己有呢？怎么都拥有不过来不是？有些东西就是为了欣赏的。她一遍又一遍劝自己，换着花样说服自己。

好吧，心里的小公主和小勇士不断战争不断战争，每次都是小公主战败，被小勇士关进小黑屋，小勇士提着剑继续和生活战斗。

所以，袁晓橙的微信朋友圈晒的照片关键词只有一个：简洁，简洁，再简洁。如何简洁得高明也是有技巧的，也是能体现天赋的。在这一点上袁晓橙大概要感谢袁家的好血脉了，据奶奶说，他们祖宗几代都是官宦世家，书香门第，素养极高，也就造就了她与生俱来的好气质。

所以，袁晓橙以自己独特的审美巧妙搭配，一件几十元的简单 T 恤她也能穿出大牌的潇洒味道。于是，她将极简主义的人设演绎得得心应手，收获了满满的自信。

4

可是，那是在晓橙遇到欧南之前。遇到欧南之后，袁晓橙就在劫难逃，像妖孽被佛祖抓了个作恶的现行，丢盔卸甲，一路狼狈。

晓橙不敢告诉欧南，她在见他第一面就喜欢上了他。因为作为影楼的首席摄影师，喜欢他的人实在太多了。他的预订常常爆满，为了请他亲自拍摄，有顾客甚至从年初等到年尾。他也并不是常常露面，他有自己的节奏，有心情和有灵感的时候才来拍。晓橙大多数的时间是在等待中度过的。望穿秋水，望眼欲穿，心乱如麻，这些词翻来覆去在她心中不断演绎，不断循环，周而复始。可是，这些她不敢跟他说，她不敢跟任何人说，因为怕丢人，因为她觉得自己实在太平凡了。

大概就是因为太平凡了，所以欧南从来也没注意到过她吧。她后来总是垂头丧气地这样想。

从欧南通知大家他恋爱了到他宣布婚讯，总共加起来也没到两个星期，这时间短暂得让她根本来不及反应，来不及让她的七荤八素的情绪罐转完 360 度角。

新娘周舟是欧南一个顾客的妹妹，据说是给顾客周先生拍婚纱照的时候认识的。原来是周先生的妹妹，难怪。晓橙释然了。周家家世显赫，周舟容颜姣好，还是海归。所以，能娶到这样留洋归来的富家女，当然哪个男士都不会拒绝的吧！如此，罢了。自己又如何能跟她相提并论呢？

于是，便似乎可以坦荡地参加他的婚礼了。

于是，晓橙顺理成章地做了新娘的化妆师。于是，她并没有用青春洋溢的玫瑰红色，而是故意用了一款大红色口红。没想到效果超出预期，因为新娘唇本色偏粉，这款口红恰好凸显了她的雍容。晓橙心里骂自己弱智。

在婚礼中间补妆的时候，她给新娘换了一款唇色，没想到坐在旁边的周舟妈妈当场就说，不行，换回之前那个颜色。

好吧，晓橙只好收起自己的小恶毒，告诫自己罢了罢了，行善才积德。

新人的结婚视频和照片出来后大家都夸她的妆化得好，周舟妈妈还很大方地给了她 300 元小费。

呵呵，很好，很好。看来我不适合当恶魔，总有人挡路呢！晓橙眯着眼苦笑。

没人知道，她为了参加那天的婚礼，翻箱倒柜地找衣服，没有一件自己觉得体面的，最后还是穿了一件影楼里的小礼服去的。她又拿出来全部贵重的家当——那些赠送的大牌化妆品小样。还好，没人觉得她掉链子。

可是她觉得自己简直像个戴着假面的逃犯。

嫌贫爱富的家伙不值得爱，只喜欢皮囊的家伙不值得爱。她在心里无数次告诉自己。

5

袁晓橙是在欧南结婚三个月后才看到那个报道的，就在常常刊登奶奶照片的那个《大赢家》杂志的第 20 页。周舟的照片和奶奶的照片是在对开的杂志的某一页的左右两面，像故意给她看一样。袁晓橙正在悠闲地喝柠檬水，里面的一小片柠檬就囫囵咽了下去。

那是一篇周舟在海外留学的报道。原来她虽然是千金小姐，却从未依靠父母，高中就被送往国外读书，一个人在美国读完高中、本科和硕士，在整个读书期间参加很多活动，做了很多努力，从大学开始就已经独立了。大学毕业后和同学创立了工作室。事业做到国内，后来回国遇见欧南，两人相爱，闪电结婚。

哦，看起来似乎不是欧南嫌贫爱富，这女孩从骨子里有一种说不出来的气质，那是什么呢？眼中的坚韧吧！或许欧南喜欢的是她的这种力量。自带光芒才是她的魅力。

袁晓橙在那一天忽然像沉睡许久的雄狮醒来，元气满满地对奶奶有说有笑。奶奶怀疑这丫头今天是不是疯了？

“没有啊，我就是知道了，我还不够优秀。我会努力的。”她说。

6

袁晓橙在半年后成了一个知名美妆博主，缘于她在某一天突然认识到一个事实，作为一个专业化妆师，她有足够的资本引领美妆行业的浪潮。

于是，她在网上开辟了自己的领地，介绍美妆。仍然还是拿大牌的赠品试色，同时不断寻找可以替代大牌的亲民的美妆产品。让人心动的照片、翔实的介绍和诚挚的推荐，引来众多“粉丝”。后来，便有了美妆公司的邀约，渐渐有了合作伙伴。

半年之后，作为美妆博主的袁晓橙每天过得充实又忙碌，她甚至换了衣着方式。

“你抛弃了你的极简人设了吗？丫头？”奶奶问她。

“极简非我所愿，实乃不得已。我偶尔也向往一下奢靡，只作为生活的调剂，可不可以？”袁晓橙从一堆色彩斑斓的衣裙里露出头来，对奶奶说。

“你现在也是名人了。小仙女丫头。”

“你说，到底是老仙女成就了小仙女，还是小仙女成就了老仙女？”

“谁知道呢？”

“那我们一起所向披靡吧！”

生活很苦，
而你很甜

1

2018 年元旦前，你发了一条微信朋友圈——“工作要求我吃吃吃，我的男友要求我瘦瘦瘦。怎么破？”没有图，只有这两句话。我就知道，你再一次失恋了。我发了个拥抱的表情给你评论，希望我能真的给你一个拥抱，在这个时刻。

没几天，你晒了自己称体重的图和你与男友最后的聊天记录——

男友：你那么胖，我可能不会爱你了。

乔朵娅：你小心了，我 129 斤了，打爆你的头信不信？滚远点吧！

男友：我发誓这辈子都不会再找一个胖子。

乔朵娅：祝你下辈子变成一个走不动路的大胖子。

这条信息下边评论区一片沸腾。大家都在骂渣男，也有人劝你想开点，这样以貌取人的男人不值得爱。

你没有回复大家的评论，又发了一条——“你那么胖，全世界都不会爱你。”我在下面写了一句：“朵娅，你那么可爱，全世界都爱你。”

之后，你的微信朋友圈一直沉寂，没有再发任何动态。

你大概已经不记得曾经那个身材纤细的自己了。那个俊俏的姑娘，舞姿轻盈，一颦一笑都透着玲珑，前男友就是在某次大学生会演中爱上了翩翩的你。他是爱你的，所以总是纵容你，和你一起吃夜宵，吃甜品。他总是充满笑意地看着你体重一点点增加，看着你的体重从 92 斤增到 100 斤，又从 100 斤增到 110 斤，再到 115 斤，120 斤，直到变成后来的 125 斤，129 斤。他终于无法再保持淡定的笑容了。他又开始要求你变回 90 斤。

你总是骄傲地坚持着你的理论——减什么肥，变胖才是检验爱情的试金石。你终于变成杨贵妃，而你的理论也宣告失败。

2

再次知道你的近况，还是最近有一天我和小麦吃饭谈起你。小麦是我们共同的好朋友，也是你的同事，你们在同一家广告公司做文案策划。

“昨天朵娅又哭了。”小麦说。

“为什么？”我惊讶地问。

“你知道，她之前在那家公司一直在做试吃员。当时的工作她是很惬意的，每天吃吃吃，品尝各种新奇的东西，只要拍拍照，附个简单的文字“好吃，超级好吃”就能交差了。可是我们公司不行哦，她是每天一定要交上一份相当字数的文案，不光要吃好，还要想办法把这个如何好写出来。每天，每道菜，每家的特色都不一样的啊，所以朵娅常常被主编郭东东训得直哭。这不是第一次了。哎，我都看见好几次了。郭东东最近失恋了，火气非常大。朵娅常常撞到枪口上，真是躺着都中枪。”

“那怎么办，朵娅是不是会辞职？”我问。

“不会吧，她说，她会死磕到底。”小麦说。

“好样的！”我说。

小麦告诉我，你几个月前已经开始减肥，现在正在关键期，非常难熬，人瘦了一大圈。

于是晚上我发消息给你：“小麦说你在减肥，不要太为难自己，身体要紧。”

你回复我说：“我要么放弃工作，要么放弃我自己。可是我哪个都不想放弃。我要试试，我是不是能够做到二者平衡。”

“那有点难啊！”我说。

“可是我必须做到，不然，我真的就嫁不出去了。”你发来个笑脸。

“不会的，朵娅。”我说。

“我以前一直相信演员天生好体质，怎么吃都不会胖，所以他们的好体态是天生的，我们只有羡慕的份。可是有一天我看见娱乐新闻报道说，有的女演员在片场拍综艺节目吃了一大口巧克力，观众看见的是她毫无顾忌地大吃大喝，可是等镜头拍完，她一转身就把巧克力吐掉了。她们都是非常严格地在限制自己摄入的饮食，又同时做各种运动来保持自己的身材。我觉得太佩服她们了。她们的职业需要她们维持良好的体态，她们一直在严格要求自己。所以，我觉得我不能只是羡慕，我是时候要做点什么实际的行动来让我的人生美好起来。就从最重要的减肥开始吧！”你说。

“可是你怎么控制，你的工作需要你吃啊，品尝各种不同口味的菜肴，你必须品尝到位，心有所感才能写出宣传文案啊！”

“那就只好蜻蜓点水地试吃吧。哎，真是考验人啊，煎熬啊。可是如果我做到了怎么办？”

“做到了你真的就光芒万丈了，朵娅。你知道，有句话不是说，每一个胖子都是个隐藏的潜力股吗？我还有你中学时代的照片，多清爽的一个小女孩！”

“你的意思是我现在变成油腻了？大叔才油腻！我现在就光芒万丈，每次试吃完要刷牙，我每天要刷N多次的牙，一口洁白牙齿都可以去为牙膏代言了。”

“所以，朵娅你要爱自己。”

“所以，我更要严格对待我自己，才能给自己一个好的未来。”

“和郭东东还愉快吗？”

“哼，他那个自恋狂人，我反正一定不会爱上他。”

3

可是，就在前几天，我看见你在微信朋友圈发了一条新消息——“乔朵娅和郭东东这对死敌居然变成了恋爱关系。天底下大概没有什么比这更匪夷所思的了。”文字下边是郭东东的求婚视频。我惊讶地发现，几个月不见的你，已经身材曼妙、面容清丽，又恢复成颜值巅峰美少女。

真是替你高兴。

我是从小麦那里得知了你们从敌化友的全过程。

失恋的郭东东刚开始并没有特别注意到你，在他眼里你就是那个一直达不到他预期的新来的小编辑，有点儿胖，有点儿憨，戴个眼镜，皮肤白皙，很喜欢美食，穿着简单随意。

你之所以后来引起他的关注是因为那个端午节的午餐。因为过节，食堂那一天的午餐很丰盛，大家都早早地蜂拥而至，只有你和另一个女孩因为要减肥没有去。郭东东恰好因为很忙，是最后一个去食堂的。他走过你的办公区，恰好看见你在吃玉米，很小的半根玉米。

他于是诧异地问："怎么不去食堂吃饭？今天中午有红烧肉和水煮鱼，还有小龙虾和粽子，再不去就都被抢没了。"

"留给大家吃吧，我就高风亮节了，我那份送你了，主编。"你笑着说。

"我们在减肥啦，主编。"另一个女孩说。

郭东东这才注意到你桌上放着一个小小的水果盘，里面放着一个小青苹果。

"哦，可是，就吃这么一个小苹果吗？会不会太艰苦点了？"他说。

"还好。"你说。

"不过，也是，女孩还是别太胖了。"他忽然停下来，觉得应该说点儿什么，就站在那。

"所以呢？"你忽然有点儿生气。

"我吧，还真是有点儿矛盾，既觉得女孩还是应该瘦点儿比较好，又觉得你们这样折磨自己真是挺苦的。”他站在那说，眼神诚挚。

可是你猛然觉得被戳了痛点，于是你提高了音量说：“最讨厌你们这样的人，知道吗？虚伪！”

旁边的女孩立刻跑过来打圆场，说：“那个，主编，你去吃吧，我们就不吃了，谢谢主编关心哈！”

于是，郭东东就如同大梦初醒，说：“哦，对，那我去吃了。”他逃也似的小跑着走出门。

你心想，从此跟他结下梁子了。却没想到，他却觉得这个胖女孩真有意思。

没多久，你在某一天向他提交了月计划：“这个城市一共有 679 家火锅店，498 家饺子馆，500 家韩式烤肉，597 家东北菜馆，392 家广东菜馆……我本月内将完成对这两千家菜馆的初步考察，对同类菜品进行细致比对和分类，对个别新菜品着重宣传。”

哇！他第一次发现，这个胖女孩思维不简单，做事有条理。她居然都调查出了具体的数据！

“你是怎么知道有这么多家同类店的？很好，值得表扬！”他在会上第一次夸奖了你。

你惊讶地看着他：“我只是，美团搜索……数据……就有了。”你迟疑地说。

“哦。”他哑然。

“这么简单吗？自己怎么就忘了现在是数据时代呢！”

有人笑场了。他也尴尬地笑了。

“那个，虽然很简单就能搜到数据，但是细致的工作精神可嘉哈！”他说。

之后没多久，他那么挑剔的人却发现你的稿子里他能挑出的毛病越来越少，他甚至对你文案里生动的语言连连赞叹，看见你的文案他就如同已经真的品尝到了那道美食一样。每次你推荐的美食他都很感兴趣，也跃跃欲试想去大饱口福。

你工作上的勤勉和努力为公司带来很好的影响。你推荐的美食得到了广泛的认可，商家非常满意，其知名度甚至因此有了极大提升。

不久，在公司派对上你唱了一首歌，唱完走下台，他经过你身边的时候说：“你今天很美！”

你不卑不亢地说：“谢谢主编。”心里念叨着：虚伪。

4

郭东东在某一天清晨醒来躺在床上刷微博的时候，恰好看到你更新了一条新微博。你晒了几张新鲜出炉的早餐图片：腊肠菜汤泡饭、水果玉米、无花果、葡萄、黑芝麻酸奶。他将那几张图片点开、放大，那鲜艳的色彩搭配，隔着屏幕散发出诱人的芳泽。他脑海中立刻脑补出这美妙的美食：带着点点翠绿的汤饭，金黄甜糯的玉米，泛着晶莹的紫色葡萄，还有酸奶里如小雀斑一样的黑芝麻。它们真是让还饿着肚子的郭东东看得眼睛发直，不由得咽了好几下口水。

他看了一下手机屏幕上边的时间，上午 8 点钟。做这么一顿丰盛的早餐要早起的吧，这丫头起床这么早的吗？没想到，看起来还挺勤快的。

他又刷了你之前的微博，你经常晒的美食完全是他没见过的，并非满汉全席之类的大餐，却每餐都很有品质，比如，一碗面条里面也要配料齐全，加蔬菜、红烧肉、鸡爪和玉米，此外还要配几个红薯。油炸饺子也要加芝麻和各种配料，还会自制黄桃罐头、海棠果罐头……他看到这里的时候，惊讶地坐了起来。

有意思，没发现这丫头还真是个宝藏女孩，什么都会呀。

他开始好奇，这丫头为什么对自己这么好？不对，正确解读应该是，这丫头是个热爱生活的人。这么精致的生活真是让人惊讶呀。相比之下，其他人的生活就相对粗糙多了。

隔了个休息日，上班的时候你用微信给他传稿子，他却问你：“你前天做的早餐用了多久？”

你蒙了。

“前天休息日啊，我不需要上班啊，做个喜欢吃的早餐不犯法吧。”你回复道。

“哦。”

他还是第一次败下阵来，没有用教训的口气。

你觉得莫名其妙。

“你真会做黄桃罐头？”他又发来消息。

“有问题吗？”你很不客气地回复。管得着吗？你心里说。

“我就不会做早餐，总是吃外卖。”他又发过来。

你彻底懵了，沉默了好一会儿，你回复他：“郭主编，你是不是发错窗口了？我是乔朵娅。我刚给你发了稿子。”

他没再说话，已经在偷偷擦汗了。居然做了有失形象的事！

后来他决定不顾及形象了，因为他发现自己喜欢你。

“我喜欢你，因为你是这样热爱生活。热爱生活的人都让人温暖。我一个人生活得很狼狈，特别需要一个女孩能给我做个早餐。”听到他的表白，你当即就想扇他一巴掌。

“哦，你需要一个给你做保姆的女孩，可惜你找错人了。”你毫不客气地说。

“不是啊，不是要找保姆，找保姆还不简单，到处都有啊，我就是一直想找个能给我做早餐的女孩。就是，你亲手做的，感觉不一样啊，带着爱的温度。”

“说来说去你还是想让我伺候你，你当大爷。”

“不是的。那是生活。生活是什么？就是一日三餐和无数的琐碎啊。要不，我们一起吧，做丰盛的早餐、午餐和晚餐。做无数个早餐，无数个午餐和无数个晚餐。想想多幸福。”

“你是因为我会做美食才喜欢上我的吗？我并没有想留住男人的胃，我是因为品尝美食自然学会的，品尝美食是我的工作，做美食是我工作的副产品。”

“其实你胖点儿也是很可爱的。从我见你第一眼起，就觉得这女孩如果瘦下来，一定是国色天香。果然证实了我的猜测。”

“你还是在说之前我太胖。天下男人都一样，虚伪。我减肥也不只是为了取悦男人，当然这也是一方面，更重要的是为了让我自己赏心悦目。我又回到从前不用试穿直接选尺码就能买到喜欢的衣服的盛颜时代了。”

“那我岂不是很幸运，能拥有你的盛颜时代？乔朵娅，其实我刚见你的时候就在心里说，如果有一天我爱上你，我一定会帮你瘦成天下最美。”

“怎么帮？”

“监督你运动，美味都给我，哈哈。”

“你那么自恋，为了惩罚你，我会把你变成一个超级大胖子。”

“然后你再帮我减回来。我们一起做美食，做无数个美妙的三餐。让这个世界因为我们的爱而甜蜜起来。”

5

朵娅，美好有很多种，有汹涌壮美，有跌宕起伏，也有波澜不惊。

有种细碎的美好叫相濡以沫。一起听风，一起释梦，一起失望，一起憧憬。

郭东东说过最好听的一句情话就是——生活很苦，而你很甜。

我拼尽全力，
才踏上这逐梦之旅

“总有一天，我会站在巴黎圣母院广场，在塞纳河旁，在罗浮宫外，画世上最美的风景。”

2018 年新年前夜，北京飞往巴黎的夜航，叶瑶坐在机舱里凝望近在咫尺的烁烁星空，这句久远的话又萦绕耳畔，潸然泪下。

闭上眼，是拥挤的过往。

1

她是要感谢 5 岁那年遇见的那个绘画班的刘老师的，是她的一句无意之言指引叶瑶走上这条不归路，走进艺术殿堂。

叶瑶还记得那是个晴朗的周末，妈妈带她去书店回家的路上，突然下起雨来，妈妈急忙带她躲进一栋楼里，恰好看到绘画班在上课。小叶瑶在门口看见好多小朋友都拿着画笔在面前的画架上勾来划去，感到非常新奇和羡慕，不由自主地跑进去看。妈妈抱歉地进屋叫她出来，一边说：“打扰了，老师。”

没想到，刘老师走过来和蔼地笑笑说：“我看她很喜欢，不如就让她来学吧！”

刘老师让叶瑶站在一个画架前，随便画点儿什么。小叶瑶想了想就画了一个望远镜，里面有天空，小鸟，草地。当然，她心里想的是望远镜看到的世界。可是，落笔完全不是那么回事，只是一个超级简笔的简笔画。没想到，刘老师大为赞赏，按她的话说，这小女孩很有天分，艺术的至高境界不是成为一个画匠，而是成为一个创意大师。她的构想完全超越了同龄的小朋友，小女孩天资聪颖，日后必有成就。

刘老师的这番话在她的小小心灵中埋下理想的种子，从此种子生长茂盛，不惧险阻。之后，妈妈开始送她来学画，伴她一起风雨兼程。然而，学艺术是很昂贵的，作为一个工薪家庭的孩子，她一直是画班里最窘迫的那个学生。她总是买马利牌子的颜料，而别的同学用的牌子都是温莎牛顿和卢卡斯。刘老师看在眼里，在她生日的时候送给她一大盒卢卡斯颜料。还有几次，刘老师拿着几个同学刚打开就不要了的颜料，一边念叨现在的孩子真是不懂事，一边称赞叶瑶懂事，懂得不浪费，将颜料拿给她。叶瑶低下头什么都没说，接受了老师的好意，可是她在回家的路上哭了。

“总有一天，我会站在巴黎圣母院广场，在塞纳河旁，在罗浮宫外，画世上最美的风景，成为顶级画家。”那个时候，这个念头就在她心里扎根，从未动摇。

2

叶瑶更要感谢的是她的妈妈。在叶瑶 15 岁那年，她的妈妈给她生了个弟弟。于是，她本来就不太高的家庭地位又降了一级。尽管现在整个社会女性地位都很高，叶家仍然低调地保持着重男轻女的传统。所以，无论是在叶家的大家庭，还是在三口之家，叶瑶从没当过公主。当然，后来三口之家变成了四口之家，那尊贵的公主宝座就更没她什么事了。

不过，让她感激的是，她一直都是妈妈手心里的宝。

因为弟弟的出生，对于她是否继续学习艺术这件事，她的爸爸、妈妈产生了严重分歧。她爸爸觉得应该将更多的精力和金钱用来打造一个未来的社会精英，而不是将大把资金浪费在一个毫无用处和出路的艺术生身上。如果不是因为她自己的坚持，如果不是妈妈费尽心力地斡旋，她恐怕此生就与艺术无缘了。那段时间的妈妈真让叶瑶惊讶，她完全可以去做一个称职的外交官。

高三那一年，妈妈陪着她辗转奔波在各大艺术学院的专业考试路上，外面冰天雪地，妈妈和她坐在火车上，等待命运的裁决。还好，历经艰险，叶瑶考上了喜欢的大学，可以名正言顺地钻研艺术。好运终于来造访。

3

好事成双。叶瑶的爱情也很快到来。

大二那年暑假从家回学校的火车上，叶瑶打开妈妈新送的平板电脑看电影，过了一会儿，坐在旁边的一个男生凑过头来，叶瑶出于礼貌没好意思拒绝给他看。看完电影，男生拿出手机，在手机屏上面敲了几个字——我是聋哑人，谢谢你。叶瑶当时差点儿捂住嘴巴，还好，刚刚没有表现出不满。下火车的时候，男生用手机敲字——我送你。叶瑶摆摆手拒绝，可是男生坚决要送，盛情难却，更何况是个聋哑人，叶瑶于是同意了。如此，男生将叶瑶送到了学校门口，又送到了宿舍，之后恋恋不舍地走了。走前和叶瑶交换了手机号码和微信号码，并给叶瑶一个灿烂的笑容。那笑容实在耀眼，让叶瑶恍惚了一瞬。叶瑶看着他的背影无声地叹息，真是可惜，这么阳光的人如果是个正常人该有多好！命运真是残酷！

聋哑男生给叶瑶发来微信，问她想不想去看明天在文化厅举办的画展，他能弄到内部免费票，是照顾残疾人的。他刚好手里多了一张，所以想送给她。叶瑶欣喜若狂，当即答应即时赴约，万分感谢。

如此，聋哑男生和叶瑶连续看了四次画展。第四次看完之后，叶瑶刚走出展室，就听有人叫她。

“叶瑶！”声音不高不低，好像就在附近，是她没有听过的一个声音。

她到处寻找，看见他向她走来。她才想起来，刚才他打手势告诉她出去接个电话，就没影了。她忽略他，仍继续用眼睛寻找声源。

忽然不知从哪里冒出来五六个男生，手里都捧着花，向她走来。有一个人递给他一大束红色玫瑰。

叶瑶有点儿蒙。

那些男生以她为中心围成个半圆，他在她面前停下来，张开嘴巴说：“叶瑶，我是管理系大二3班于鹏飞，我喜欢你，可以做我女朋友吗？”

叶瑶惊得下巴差点儿没掉下来，太恐怖了！叶瑶逃之夭夭。

不过，后来叶瑶真的成了于鹏飞的女朋友。她觉得自己很幸运，被一个很耀眼的男生这样费心地追求。这个男生的确耀眼，叶瑶当时还不知道，他是个阔绰的富家子弟。

于鹏飞很喜欢叶瑶，每次叶瑶出去写生他都心疼，他许诺将来叶瑶嫁给他不需要受一点点苦，他会把她当公主，她只好好爱自己就好。

4

叶瑶大三的时候，于鹏飞毕业，开始在自家的于氏企业工作。某一天晚上，在校园论坛的热门话题中，叶瑶突然发现于鹏飞跟了一个帖子。

“主题：请各位学长讲讲追女孩的方略。”

“我的心得就是先装聋哑人，混熟后再告诉她我是正常人，百分百感动，我每个妞都是这样追来的。百试百中，并且妞们都死心塌地。——于鹏飞”

“哇！高啊高！学长能不能说说一共成功多少例了。——某某”

“哈哈。——于鹏飞”

“于学长的女友不是叶瑶吗？那个画画的女生，我知道她，标致。——某某”

叶瑶看不下去了，跟于鹏飞大吵了一顿。

“于鹏飞，原来你对每个女孩都是这样‘痴情’，这样‘煞费苦心’，你这样炫耀自己是为了什么？证明自己很厉害？那么你对我到底是不是真爱？我很怀疑。”

一周后，系里通知叶瑶，她将有机会去法国做交换生学习三个月，但是出国学习的费用需要自己承担。叶瑶心里狂喜，可是又很难过，因为费用很昂贵。她决定自己去卖艺，利用课余时间给别人画画像，希望能筹够去巴黎的学费。

可是，某一天叶瑶在公园里给别人画画像的时候，接到了于鹏飞的电话。

他在手机里大声质问她，是不是在给别人画画像，他公司的人看见了她，大家都在谈论她。她需要多少钱他都可以给。他觉得叶瑶的行为辱没了他的尊严，他丢不起那个人，让她赶快停止。

叶瑶哭了，同时做了最后的决定。

“我们分手吧，于鹏飞。”她说。

5

那一年的一个秋日午后，叶瑶去了天桥下边的地下通道，在那里给人画画像。她偶然看见对面有一把椅子，椅子上放着一把吉他，椅子上方的瓷砖墙上写着几个漂亮的毛笔字——“本人吉他练习，卖艺不是讨钱，谢谢！”她哑然失笑，这还是个很有骨气的行为艺术者。后来她接了个电话，有急事离开，没有见到这个吉他手。

第二天她就看见了这个人，但是她仓皇逃跑了，因为没一会儿就来了一些同学对着他录视频。那些同学她认识，是音乐系的。果然，在一个小时后，她就在微信朋友圈看见了被发在抖音上的小视频，那吉他手西部牛仔打扮，一脸漠然和冷峻，高傲地弹着吉他。有很多人围拢过来，有人想给钱，他只是面无表情地指了指身后墙上的字，掏出钱的人反倒很尴尬地笑笑，收回钱，又站远些，再仔细聆听。原来，这位吉他手叫沈嘉舟，是叶瑶同校的同学。不知道有没有人注意到，在远景处，有个女孩在画画，因为距离较远，所以身影不太清晰。还好，她只充当了个背景，叶瑶长吁一口气，不过后来她就不敢再去那里，而是换了阵地。她可不想成为焦点，哗众取宠，她没那个勇气也没那个必要。

经过大半年的努力，她赚到了一笔钱，再加上妈妈的积蓄，足够她的学费。于是，巴黎之行总算可以成行。

6

经过十几个小时的飞行，航班抵达戴高乐机场。几个小时后，叶瑶站在了巴黎圣母院广场。

巴黎，巴黎，我在心上画过一万亿种颜色，是不是就足以证明我矢志不渝。

我借来马良神笔，绘尽一生痴迷。

人间本无芳菲，若心中只有冷雨。

奔赴一场至爱之旅，哪管冷面和纷飞的恶意。

心有所念，谓巴黎。

成群的白鸽在悠闲地飞飞停停，人们欢喜着，相互说着：“Happy new year！”

“新年快乐！叶瑶同学！”

叶瑶一转身便看见一个中国面孔，是沈嘉舟，背着吉他。

“是你？你怎么会在这？”叶瑶想起，莫不是他就是和她一起做交换生的那位同学？

“我来巴黎看一道最美的风景。”他说。

有趣的灵魂千篇一律，我的灵魂万里挑一

1

莫飞和荔荔的第一次见面很有戏剧性。

莫飞的朋友晓楠答应一家新开业的影楼：在某月某日某时去做模特，拍一组招牌照片。可是晓楠却在这某月某日某时临时有事，又不好放影楼鸽子，只好临时叫来最好的铁哥们莫飞来赶场。于是，莫飞就在这某月某日某时如约来到影楼，遇到了这个和他搭档做组合的名叫荔荔的姑娘。

莫飞哪里都好，相貌俊雅，风度翩翩，还有点儿小幽默，唯一的不足就是个子不算高。不过高科技什么都能弥补，自从人类发明了一种叫内增高的鞋子之后，莫飞就变得威风凛凛，气场满满，已经离开172厘米人群好多年。

莫飞走进影楼化妆间的时候，那姑娘已经化好妆，穿着婚纱，背对着门口，坐在化妆台大镜子对面的椅子上。听到摄影师和他打招呼，那姑娘只是微微抬眼看了看镜子，之后继续埋头看手里的杂志。婚纱很长，在椅子侧边垂下来，又在地毯上延宕好远。因为怕弄坏了婚纱，姑娘的坐姿看起来并不是太舒服。姑娘面前化妆台的小灯并不明亮，姑娘的面容他并没看得很清晰，可是她就那样穿着婚纱漫不经心地坐在那里。他突然没来由地心如小鹿般乱撞起来。

化妆师让他在姑娘旁边的化妆台前坐下给他化妆。他不敢斜视，他还是第一次遇到一个姑娘这样紧张，而这个姑娘却还毫不知情。晓楠已经提前给他做了“培训”，拍照前要化妆，尤其要耐心地等待女孩化妆，没有两三个小时是不能完成的。可是化妆师给他化妆没用20分钟就搞定。谁说全社会重男轻女了，化妆界流行重女轻男好吗！他在心里不满地说。

之后，化妆师又仔细检查了一下姑娘的妆容，简单修整了一下，说“OK”。服装助理过来扶起穿婚纱的姑娘，又帮她拖起裙尾，姑娘站起身走出去。莫飞跟在后边看着姑娘袅袅娜娜的样子竟有些痴了。

到了摄影棚，摄影师说：“从现在开始，你们就是情侣。你们要立刻进入情侣的状态。你们就要结婚，你们的职责是拿出最好的状态来，我的职责是抓取你们最甜蜜的瞬间。”

虽然摄影师说的是假设，但是在莫飞看来更像是一种预言。他心里澎湃起来。他的脸在发烫，因为心中的激情开始燃烧。他可以肆无忌惮地看向对面的姑娘，因为此刻的他们是情侣。不，不，这么看法太大胆了，虽然是工作，也还是要有分寸，免得吓着美人。哦，她真美啊！并不是那种娇艳的美，热烈的美，她的美有种冷清。就是高冷，对，是高冷。是那种自带气场的美，不媚俗。即便摄影师要求她放声大笑，那肆意绽放的笑容也还是带着一点点羞涩和……怎么说呢？自持？对，就是这样的。

不知道女孩是什么感觉，反正他觉得他们真的就是情侣了呢！他已经沉醉其中，乐不思蜀。两个半小时的拍摄结束了，他还意犹未尽。这两个半小时期间，他换了三套衣服，姑娘换了三套妆容和发型。每换一种，他心中都荡漾好几十秒钟。并且，重要的是，他牵了女孩的手，拥抱了她，还亲吻了她。虽然是假装的，但是她的呼吸都近在咫尺呀，鼻尖对鼻尖，唇对唇，就一毫米的距离。太幸福了呢！

拍完照片，姑娘换回自己的衣服，莫飞才发现，女孩并没有穿高跟鞋。刚刚拍照的时候因为婚纱和长裙遮挡，女孩的真实身高他并不知道。可是拍照的时候他明明觉得穿着高跟鞋的她跟他实在相配，他们的高度都是差不多的。莫飞看着女孩从自己身旁走过，走出门。女孩好像比他还要高哎，他不淡定了，愣在那里。他看着女孩背着包潇洒地走过咖啡店，就要过街，他忙跑过去追上她，说：“荔荔，我可以请你吃个饭吗？已经很晚了。”

“好的。”女孩沉吟了一下，并没有很高兴，也并没有拒绝。

可是，莫飞后来一直认为，那是他人生中最美好的一次相遇。

2

“今天，真是很美好。”他想了半天如何表达，还是觉得这样说比较有诗意，虽然自己说完觉得有点儿别扭。

“可是我其实并不美好。”她笑笑说。

女孩讲了自己的故事，却让他一夜未能平静。女孩的话一直萦绕在他的耳边——

我是个严重的社交恐惧症患者。我做过五年的电视台出镜记者，却最终辞职，因为太多的喧闹让我觉得很累。

我每天穿着非常干练的职业套装，画着精致的妆容，从晨曦到日落，拿着话筒，对着观众第一时间传递信息。我奔波在聚光灯下，辗转在名人逸事间。我不喝酒，不喜欢阿谀奉承，不会主动结交朋友，所以在觥筹交错的宴会上总是显得格格不入。我常常觉得自己很分裂。在镜头前的我，观众看到的我，是健谈的睿智犀利的新闻职业人，可是关掉聚光灯，没人知道我内心的痛苦。在这个时代大家都怕孤独，都在寻找摆脱孤独的办法，都不想活成一座孤岛。可是我却喜欢孤独。因为孤独给我自由，我需要释放。我很需要一个寂静的世界。我常常觉得这个世界太喧闹了，让我无所适从。终于，在我工作五年之后的一个周末的清晨，我醒来之后做了一个无比重大的决定。我辞职了。我离开了我已经小有成绩的工作岗位。就此，我也成了大家眼里的一个怪人。其实我一直都是一个怪人，只是别人不知道而已。

有时候我觉得王小波挺讨厌的，因为他的那句话——美丽的皮囊千篇一律，有趣的灵魂万里挑一。可是王小波自己也不知道，他的这句话在他过世几十年之后竟然会成为一句流行的时代口号吧！

这句话不知害了多少人呢！似乎所有失败都可以归咎为没有一个有趣的灵魂。你不擅交际，是因为你没有一个有趣的灵魂，所以大家不喜欢你；你到了 30 岁还没有结婚，是因为你没有一个有趣的灵魂，很多优秀的人都被灵魂有趣的人挑走了；你事业失败、职场失利也是因为你没有一个有趣的灵魂，因为这个时代业务能力只是你的竞争要素之一，你还要有有趣的灵魂，才能博得上司的喜欢和同事的欢迎。所以，拥有一个有趣的灵魂是多么必要和必须，它将帮助你拥有很高的人气，无论在职场还是情场，都会事半功倍。

于是，为了改变我的社恐，为了赢得较高的人气，为了博得这个世界的喜爱和眷顾，我也不能免俗地想拥有一个有趣的灵魂。在大学的时候我就做了很多努力。我参加了许多社团。我很勇敢地报了一个乐队，却开口就遭到了拒绝，因为我唱歌跑调。当时那吉他手看我的眼神我还一直记得，他的眼神在说，你资质这么差居然敢来试唱，谁给你的自信？！我还报了围棋社，却实在提不起来兴趣。最后我在戏剧社留了两年，也和同学们排了很多戏剧，一起在舞台上表演，一起做公益演出，博得过许多掌声，扮演的一些戏剧人物我还印象深刻。因为参加了戏剧社，常常演出，在学校里有很多同学都认识我。在大家印象里，我是舞台上侃侃而谈女性自由的简·爱，我是那个敢于拒绝当玩偶的娜拉，更是美人鱼和白雪公主……唯独不是我自己。

没人知道，脱下戏装、卸掉妆容的那个在宿舍里穿着睡衣，躺在床上看书的我是多么惬意。

身高 174 厘米的我，爱情之路自然是坎坷的。我的身高就自动屏蔽了许多男士。可供我考虑的男士寥寥无几，更何况我又不是一个主动的人。我这个倔强的不肯变得有趣的社恐患者，活该到了 27 岁爱情还遥遥无期。

在这个以群居为特征的社会，我居然总是想逃脱，总是想独居一隅，远离炫目和喧嚣，我大概真是个怪人吧！

我曾努力变得有趣，努力融入这个世界，我做了很多尝试。我试图改变我自己，但是遗憾的是，并没有改变很多。至今，我越来越感到心里的某种力量在自内而外地生发并蓬勃生长。即便我不能拥有一颗有趣的灵魂，但我成为我自己，那也很好。

所以，我不再打算变得有趣。

3

莫飞又接到妈妈的催婚电话。

视觉身高已经 180 厘米的莫飞现在是不屑于相亲的。他已经决定要追寻真爱。究竟这真爱在何方，以前他不知道，现在他觉得自己终于找到了。只是，这女孩的身高……实在是让他觉得有些尴尬。他无数次想象过，他们都光着脚站在地上，女孩看着他高声尖叫的样子。要知道女孩比他高两厘米。虽然女孩还不知道，但是他知道啊！要知道差之毫厘，谬之千里。更何况这是两厘米……但是他还是觉得那次初遇就是某种天意。

莫飞辗转反侧了好多个夜晚之后，还是去找了荔荔。荔荔一个人租住在一个很僻静的公寓，公寓带了个小院落。

莫飞走进去便被这一片怡人之景惊艳到了。

正值夏季，院落里参天树木高大葱茏，有些小小的红色、黄色的果实沉甸甸地挂在树枝上，不知名的各色花团团簇簇，竞相开得奔放，又有绿色藤条枝蔓爬上公寓的窗棂，直到屋檐。

“喵喵”“汪汪”……莫飞正在环顾四周，却听见猫和狗的叫声。

“过来，别淘气！”荔荔穿着一袭粉色休闲裙站在院落尽头屋门口的台阶上，怀里抱着一只小猫，对躲在花丛深处的小猫和小狗说。

“哇！你养了这么多！”莫飞诧异地笑了。

“还有一只跑出去玩了。”荔荔笑着说。

“你真厉害啊！看不出来呢！”莫飞忽然觉得心里有风吹过，说不出的清爽。

“这些花草也都是我种的。我在做个试验。”她抱着小猫走下台阶，示意莫飞在院落里边的藤椅上坐下来。

藤椅中间是一个藤编的小茶桌，桌上放着茶壶和茶杯。荔荔放掉怀里的小猫，倒了两杯茶水，在藤椅上坐下来。

“这几种植物没见过吧？我种了点儿试试。我一直对植物很好奇，要写个植物笔记。我已经写了一些了。”她打开手机，发给他一个链接。他打开一看，是她在一个社交平台上分享的植物笔记。

“真好，我回去好好钻研一下，回头我帮你找找资料。”他说。

“哇，那太好了。”荔荔露出惊喜的笑容。

“你怎么养这么多小动物和植物？”他好奇地问。

“我从小就很喜欢小动物，也喜欢植物。大概是因为不擅长与人类为伍，却很擅长与动物和植物共处。老天总得给我一点儿能力的吧！既然我学不会有趣，也得学会快乐吧！我是我自己这个小小王国的女王。”她弯了弯嘴角。

莫飞沉思良久，悠悠地说：“荔荔，你知道吗？今天我莫名地非常感动。你让我感受到了一种久违的温存和美好。或许你的有趣你自己并不知道，你的有趣恰恰在于你不打算变得有趣。在这个时代，人们争相变得有趣，有趣反倒已经变得千篇一律。而如你一般，固执地守卫自己，恰恰成为有趣的灵魂！”

“每个人都有自己的存在方式。比如，你可以与闪光灯和舞台为伍，你可以与书和茶为伴，你也可以与山川湖泊共度，当然你也可以与可爱的小动物和植物共栖息。你可以选择炫目耀眼的生活，你也可以选择平凡的俗世烟火。或许我们应该追寻的恰恰应该是不同于广泛意义的有趣，而应该是一个特别的灵魂承载体。只要你找到自己的存在方式，并能乐在其中，就好。那就是你最好的有趣的存在方式。

“这世界的奇异正是因为它的丰富多彩，人类文明也正是因为思想迥异才得以汇聚成为深邃而广阔的历史长河。

“这个世界不需要千篇一律，而是需要千姿百态。你的存在，你的呈现，便是独一无二的有趣之真谛。”

4

周末的正午阳光正烈，却因为树木的遮挡变得温和了许多。金黄色的阳光映照下，女孩的侧颜美丽又柔和，她的嘴唇隐约颤抖，她的眼中似乎含着一滴晶莹。

“荔荔，你是否介意有人和你一起有趣？”莫飞说。

“喵！喵！”

你终将遇见
自己的黄金时代

清晨醒来便看到小 A 在微信朋友圈更新的消息——“与喜欢的偶像合影啦，是我从小时候起就一直喜欢的明星啊！”还附上了演唱会的视频，坐标“香港红磡体育馆”。

我笑笑，自从广深港高铁开通了之后，这位深圳妹子便常常去香港打卡，真真实现了各种小时候的愿望和梦想。

可是我想起了你，亲爱的东蕊，想起了你在香港的那些时光。

1

你的香港之行源于一篇网络上的文章，很奇妙的。在一个很平常的夏日，你百无聊赖地卧在沙发里看着王小波的《黄金时代》，你一边看一边笑。“王二的青春跟我们现在的青春也没什么不同，青春就是应该颓废的吧！”你发了条微信动态。

然后你去刷微博，无意间便刷出了那篇文章。你在浏览中看到了“红磡、九龙、TVB”这些字眼，它们于“80后”“90后”都有着致命的吸引力，你开始认真读下来。这是一个内地女孩写的在香港读研经历的一篇小文章，她详细介绍了自己所学的专业、学习状况以及自己的休闲生活，女孩还附上了许多图片。这对于当时大学毕业一年多还没有找到心仪的工作，正遭遇失恋痛苦的你来说无疑犹如黑暗弄堂里的一盏明灯，你立刻坐起来。“或许应该去香港读个硕士回来再找份喜欢的工作，顺便还可以近距离接触香港，这个梦中的向往之所。”于是你不顾父母的反对，认真准备了一番，去了香港。

你还不知道，那个平常的夏日，那个很冲动的决定，却是你人生重要的拐点。

你就这样充满激情地来到了香港。

你将浪漫的情怀塞进满满的行囊，落地在香港机场，你左顾右盼，穿梭在拥挤的人群和并不开阔的广场。那电影里熟悉的街头、长巷，那老旧的建筑和耳边传来的只能辨别出“类好哇”诸如此类的香港话，都让你莫名兴奋，如此真实地置身于那些香港电影的背景中，让你感到很神奇。

真好。你说。

“香港，我来啦！”你兴奋地发了微信朋友圈。

大家都在你的消息下边留下羡慕的评论，你也满怀期待地等待自己的留学生活。

2

然而，香港在给你最初的梦幻之后，才给你真实的残酷。

学校提供的宿舍费用并不比在外边租房的费用便宜。你只好和同学们一起合租了一个面积不大的公寓，父母提供的生活费和学费又很有限，所以你不得不节俭度日。

虽然家境并不优渥，却也是父母宠溺长大，你不会做饭，不会做家务。可是看着自己渐渐变薄的钱包，你不得不开始学会省电费水费，学习自己动手做饭。

当然，同学之中有家境优越的，可以一边读书一边玩转香港，吃遍香港的大餐，每天出入迪士尼，各种演唱会，整夜泡酒吧夜店，举办各种生意宴会，到毕业之际甚至比香港人还了解香港。

而东蕊你却越发清醒地认识到，和香港深入融合，玩转香港对你来说是多么奢侈和不现实的事情，你需要在有限的时间内完成学业，需要以有限的消费支撑自己的生活。

还好，你是个聪明的女孩，很短时间就学会了自己做饭，从刚开始简单的炒饭到复杂的水煮鱼都游刃有余。几个月后你已经将自己的生活和学习都打理得很好。你还做了一份兼职——给一家私人学校的孩子们教中文，在别人去游玩的假日，你在闷热的房间里准备自己的essay 和 presentation，你奔波在去做兼职的路上。

3

当然，你也奔波在去各大商场的路上，忙着去买各种大牌化妆品、品牌服装和包包，却不是给自己。

国内的海外代购风潮你也没能幸免。从你踏进香港发的第一条微信朋友圈起，你就已经成为亲戚、朋友、同学以及各种一面之缘，甚至“零面之缘”的人“骚扰”的目标。

甚至父母也会打来电话：“你孙阿姨家的女儿想要买什么什么，孙阿姨小时候还抱过你，你还记得不？你找个时间去买一下吧！”

哦，小时候抱我是她自己乐意，我要还的吗？你在心里念叨，也只能是念叨而已。

你还是要抽出宝贵的时间顶着似火骄阳，换几次地铁去到铜锣湾去买药品，到海港城去买化妆品，到尖沙咀和旺角去买贵重珠宝和腕表，总之去各种免税店、专卖店帮他们买觊觎很久的东西。等你拖着一身疲惫回到公寓，已经大半天过去了。

有很多人通过帮别人代购赚了很多钱，可是你并不会算计，也张不开口。任凭他们很随意地打来微薄的感谢费，你也只能赚个来回车费。于是，你同屋的几个同学都说你笨。

“我也觉得自己没救了。”你说。

可是，某一天一个偶然机遇，你去帮别人代购香水，去了生产香水的厂家。你在那个工厂的无菌空间看到了香水的生产流水线，工人们戴着无菌帽子、手套守在自己的工位上，对传送带上的瓶瓶罐罐贴好标签，再将它们放到传送带上，进入下一个工序。工人们忙而不乱，井然有序。瓶瓶罐罐经过一道道工序，到最后的流程——质检，质检合格后被包装装箱，再被送到仓库储存，其后出现在世界各地各大商场。

你惊讶于工人们的严谨，惊讶于香水种类繁多，香气各异，你开始为此而着迷。你觉得心中的深处有什么东西被深深触动，像打开了一扇门。

你开始仔细研究香水，各种香水。你认真地探讨这个领域，找到了资深的行业人士，向他们讨教。

4

就在这个秋天，你遇到了你的富兰克林。你总是那样叫他，因为你觉得他真的很有哲学头脑，不去学哲学真是可惜了。

那个休息日的中午，雨雾蒙蒙，你背着一背包代购的东西下了地铁，走在回公寓的路上。道路两旁枫香树的片片红叶更加鲜妍，细雨绵绵，红叶上的水珠滴滴答答顺着叶脉滚落下来，晶莹剔透，如大珠小珠落玉盘。你想念起家乡的红叶来，也想念起从前在雨中漫步，今天虽然很疲惫，但是心情却舒朗起来。

你撑着伞在雨水冲刷的石板路上惬意地走着，却听见身旁有人高喊："姑娘，请问这里去皇后大道怎么走？"

你转过身来，便看见一辆车停在你身旁，从车窗里探出一个湿漉漉的头来，他的表情有点儿狼狈。

你很奇怪，这个人明明在车里，怎么会一头湿漉漉呢？应该是下车问过路，于是便被淋湿了。你了然地微微一笑，说："你向前行 500

米，再向左前行 300 米，之后再向右行大概 500 米左右，再绕过广场右行 200 米，再左行 300 米，就是皇后大道了。”

“哦，这么复杂。”那人嘀咕了一句才说，“好的，多谢你了。”然后他缩回湿漉漉的脑袋，车子向前开去。

你看着那车远去，却诧异地看见那车又倒了回来，停在你身旁。

那人又探出湿漉漉的头说：“对了，忘了告诉你，你的小红伞和你的短靴真好看，比这些红叶还好看。”然后，那颗头又缩回车里，车子又向前开去。

“哦。”你还来不及说谢谢，那车已经开走。

你笑笑，转身又去看那些红叶，没一会儿又听见身旁有人叫你：“姑娘，你去哪？”

你转过身，又是那颗湿漉漉的头，他怎么又回来了？你真是想笑了。

“我去 ×× 大学。有事吗？”这个人有点儿怪呢，你在心里说。

“那个，下雨，我不太认路，如果，你方便的话能不能给我带个路，然后我送你回去。”他有点儿难为情地挠了下湿漉漉的头，头发上的水珠从他额头和脸颊上滚落下来，让他看起来更加狼狈。

“好吧。”你犹豫了一下，其实他去的地方就离你的公寓不远。

然后，他笑了。就在刹那间，雨停了。

你从没见过那样的奇异景观。

你和他的上方天空中出现了骄阳，冲破云层，光芒万丈。片片红叶像绽开的笑脸，层层叠叠，浩浩荡荡。而在你们身后十米的距离，仍然是雨幕连连，一片氤氲。

你惊叹于大自然的神奇。

“天晴啦，我们这里。太神奇啦！”你说。

“是啊，天晴啦，只是我们这里，那边还在下雨呀！”他说。

“那一刻，我其实就已经领略了大自然的寓意。我就知道，我们会在一起。”富兰克林后来说。

“我和富兰克林相遇是个传奇。”你对我说。

5

你从未想过此生会遇见一位飞行员。你没有想到真的有位腾云驾雾的英雄来到人间来找你。

富兰克林曾经爱了三年的女孩最终还是选择了和别人到新西兰定居，因为她向往的富足稳定的生活和名利地位，那个男孩都能给她，而富兰克林不能。富兰克林每年忙于在世界各地飞来飞去，却始终没能满足女孩一起来香港旅行的小小愿望。他恨过自己，也折磨过自己，但是最终还是释怀了：她找到了她的幸福，便好。

然而，他没有想到会在这里遇见你。

事实上，在看见你之前，他已经向别人问过路了，不知道为什么，看见你撑着小红伞站在一片红叶和雨幕里，他的内心便涌起莫名的情绪，非常想和你说话。于是他停下车，向你问路。

他是为了祭奠曾经，却遇见了新生。

那一天的奇异景观足以让你们终生铭记。

“无论是自然还是人生，在某个临界点，前后便是天壤之别。”他说。

“哦，富兰克林，我的哲人。”你笑着赞同。

“可是你喜欢我什么呢？”你说。

“你的美丽、热血和倔强。”他说。

6

整整两年时间，你发的微信朋友圈却屈指可数。

鲜有在各处打卡，倒是常常看见你晨跑的身影和在做美食的笑脸，仍然是简单的T恤，仍然是简单的马尾和简单的妆容，但是我却看到你脸上洋溢着的快乐和眼中的坚定。

两年后，你带着满满的收获回来了。没有资深背景，没有名牌加身，只有一纸硕士毕业证书和一本十万字的硕士论文，却足以为傲。你顺利进入一家广告公司做产品策划，半年后升为产品策划经理。这成绩已经足够精彩。然而让人震撼的是，又过几个月后，便听说你创办了自己的香水品牌，正式进军化妆品行业。

多么勇敢的姑娘！我当时这样感慨。

7

我一边看着朋友小 A 的微信朋友圈，一边想到上一次跟你聊天还是大半年前，已经很久没有联络你，于是我发了微信给你。

“东蕊，好久不见。”

“好久不见，小葵姐。”

“什么时候有时间我们一起吃个饭呀，很想念你呀。”

“好的，小葵姐，我今晚飞去香港，出席明天一早的产品发布会，我的新香诞生了，我已经寄了一盒给你，希望你喜欢。对了，最重要的是，今晚的航班富兰克林是机长，我的英雄又要腾云驾雾带我飞翔啦！”

8

“东蕊，为什么会做香水这一行？不只是因为这行的利润大吧？”我问你。

“更重要的是，我创造的芬芳可以让世界充满馨香，想想都好美。”你陶醉地笑着说。

9

你和香港还真是有缘。

你又要回香港，不过，这一次是被邀请的嘉宾，而不是从前那个窘迫的姑娘。

一路走来，一路艰辛，世间繁华如过眼烟云，而你终能拥有自己的馨香。

“你应该感谢香港的吧！”我说。

“我感谢香港，更感谢当初写微博文章的那个姑娘。虽然她并不知道，她的一篇文章改变了另一个人的人生轨迹。”

你还记得那个夏日发的微信朋友圈吗——“很多人的青春都是颓废的。”

而我想说——你的黄金时代刚刚到来，让我以玫瑰为你的黄金时代而喝彩！

我有我的
倾城色

1

“在一个明媚的早晨，在光线温柔的书店里，我邂逅了我的爱情。”

“你就可以这样写呀！”坐在藤椅上的陈旖旎沉醉地看着窗外的树林对我说。

“那然后呢？”我笑了。

“然后，那你就编呗。”她笑了。

“然后公主就与王子一起幸福地生活在了一起，又成就了一个童话。”我说。

“那多好！我一直觉得爱情这么美的东西，一定要发生在最美的地方。可是奇怪的是，我觉得最美的地方就是书店。一想到我会在一间高雅的书店和我的白马王子邂逅，我就很激动，真的真的。也不知道将来会不会实现。”她憧憬地说。

“真是个书虫。”我说。

“可惜我只是个医生，还是个宠物医生，每天只是和小动物打交道。”她叹息说。

“我觉得宠物医生是最可爱的职业之一。”我说。

“哈哈！”旖旎笑了。从她的笑容里我看到了大理的明朗。

终究还是绕不过大理这个话题。

每每身旁有人准备去大理旅游，都会跑来问陈旖旎最佳攻略和最美景致。她很热情地给他们介绍，帮他们认真做好攻略。入住哪家酒店，附近有什么景点，要避开哪些意外因素，等等，一一想得甚是周到。

“你可以闭上眼睛设想，大理古城的神秘，大理姑娘的热情，她们穿着各种民族服装，铃铛声声，她们翩翩舞起，像彩蝶，像孔雀，那是多么让人激动的一个地方。”她很轻松就说出诗一般的话语来。

人人都很诧异你突然爆发的诗情画意。

我又问起这个问题：“你去过几次大理，你怎么对那儿这么熟悉？”

“大理洱海旅游区游船上有个舞蹈团，我之前就是那里的领舞。”

哦，我想起来了，是的。我见过他们的舞蹈，我还录了视频。二十几个青年男女都穿着民族服装，载歌载舞。我惊讶于他们的能歌善舞，女子俊俏，男子勇猛，还会完成一些高难度的动作。

“哇，我两年前去过，但是遗憾没有遇见你。”我说。

“我们在这里遇见了呀！”她笑了。

“做领舞多棒！有很多青睐者吧？”我说。

“算是吧，有一个阿哥还去我家提了亲，就在定亲前一天，我偷偷跑了出来。因为，我知道，他不是我等待的爱情。我也不想永远待在一个旅游区的船上给游览的人跳舞，我觉得那跟笼中鸟也没太大的区别。那样的话，我的世界就局限在了这艘停泊在岸边的小船上，我可能会在这里表演十年，二十年，我的青春大概就要永远毫无声息地沉到洱海底。我不甘心。我想出去看一看外面的世界。我一直想做个医生。”她说。

“就是说，你是逃出来的。”我笑了。

“没错，我在流亡。”她笑了。

2

“快过年了，旖旎，准备回家吗？”我问她。

“不敢呀！还是不回了。”她摇摇头。

“为什么？大理有洪水猛兽？”我笑了。

“比洪水猛兽更凶猛。”她耸了耸肩膀。

“催婚呀！我如果回去，他们就会逼着我和阿哥成亲，我不甘心。他们可能会不让我出来了呀！在我们家乡，女孩子出来的很少。我父母宁肯让我在家乡卖水果，也不会同意我出来的。”

“而且，我撒了一个弥天大谎。”她做了个嘘声的动作。

“喔？”我很惊讶。

“家人一直以为我在一家大医院工作，并不知道我只是一家小宠物医院的医生。我怎么敢告诉他们，他们会觉得很丢人，家乡人如果知道镇长的女儿每天给小动物看病，会耻笑他的。我父母怎么受得了。我一直担心如果某一天家乡人来看病，恰好来到我撒谎的那家大医院，找不见我，该怎么办？我该怎么说？所以我一直在努力学习，希望有一天真能进入那家大医院。”她蹙紧眉头也很好看。

“还有，那个阿哥一直盼着我回去跟他成亲，整个家乡都在等着我回去。我为了给他们一个交代，连续三年求同事跟我假扮情侣回去过年，真是煎熬呀！我怕我今年再换个男友，他们会骂我水性杨花。所以，今年还是别回去了，希望能尽快找到我的那个他吧！”她伸伸舌头笑了。

“天灵灵，地灵灵，旖旎的男友快快现形！”我说。

“哈哈。”

3

陈旖旎怎么也没想到，在跟我的那一次见面后不久，她就邂逅了她的白马王子徐嘉宾。她把他叫“黑马王子”，因为他的皮肤黑。可是我看过他的照片，其实他的皮肤是小麦色，也没有她说的那么夸张。

那一天恰好是假日，同事们大都去休假，旖旎因为无处可去，便主动加了班。春日早晨，穿着红色羊绒大衣的旖旎从地铁出来便被冷空气包围，她有些后悔。春寒料峭，很多人还穿着羽绒服，羊绒大衣换得还是早了点儿。她竖起大衣的领子，快步走向路边的小摊买了早餐，手里捧着一杯热乎乎的豆浆，多少带给她一点儿抵抗寒冷的力量。

旖旎正往前走，就看见前边围了一群人，旁边还有辆车。不喜欢看热闹的她正准备绕路前行，却从人群的缝隙看见了一条贵宾犬躺在那里，鲜血直流。旁边一个年轻男子正俯下身要抱那狗。旁边站立的人说：“不好意思，哥们儿，你看，真是不好意思。”

显然是一场车祸，地上的贵宾犬被撞伤，贵宾犬的主人没事。她不由得停住脚步站在那里。

“哪里有宠物医院？”贵宾犬的主人抱起贵宾犬，焦急地问。

“这附近好像有一家。”有人说。

“让我看看。”旖旎挤进人群说。

她将早餐扔在地上，仔细查看了贵宾犬的伤处。“还好，腿部受伤，估计脑部也会有脑震荡。不过不会有生命危险。你跟我走吧，我是医生。”旖旎说。

“哦，太谢谢你了。”贵宾犬的主人说。

“那我送你们。”那车主抱歉地说。

贵宾犬的主人犹豫了一下，还是抱着贵宾犬上了车，坐在后面。旖旎坐在副驾驶，指挥车子开往宠物医院。

很快到了医院，旖旎说了一声“准备手术”，便去里边换衣服。不一会儿，她穿着手术服、戴着口罩走进了手术室。她让贵宾犬的主人将狗送到手术台上，便关上了手术室的门。半小时后，旖旎从手术室走出来，脱掉手套、摘下口罩说：“没事了。再等一会儿你可以带它回去了。”

因为抢救及时，那只贵宾犬保住了性命，贵宾犬的主人千恩万谢。旖旎说：“别急着谢我，我是医生。你们来办理下手续。”旖旎带他们来到医生办公室，递给他们一个资料单。又问：“谁交下费用？”

“我交，我交。”车主说。

在资料单上，旖旎看到了贵宾犬的主人的名字——徐嘉宾，一名民警。

“你叫什么名字？”徐嘉宾抱着贵宾犬，临出门的时候问她。

“陈旖旎。”她说。

徐嘉宾的贵宾犬有个很女孩的名字，叫小美。接下来，徐嘉宾每隔几个星期都要抱着小美来宠物医院复诊。徐嘉宾每次都很准时，还会经常给旖旎打电话或者发信息问询她一些关于术后恢复的事。有时候甚至小美打个喷嚏，他也会把它抱到医院给旖旎看一下，让旖旎觉得他实在是有点儿大惊小怪，他对小美真是好得不能再好了。

“我必须尽到一个父亲的责任，我把它当儿子养。”徐嘉宾说。

“瞧你起的名字，那是女孩名，当女儿养才是真的吧！”旖旎笑话他。

只有徐嘉宾自己知道，他抱着小美去复诊的目的，更多的是为了去见旖旎。

几个月后的一个周末，在给小美做了最后一次检查后，旖旎对徐嘉宾说：“恭喜你，徐同学，小美已经完全康复了。”

徐嘉宾愣了一下，好一会儿才勉强笑了下说：“哦，那太好了。”

可是，第二天晚上旖旎就接到徐嘉宾的微信。

“我有事要出差一个星期，但是小美不放心托付给别人，毕竟它才刚康复，能不能拜托你帮我照看几天？实在是拜托了。”

“好吧，谁让我是它的主治医生。”旖旎想了想回复他。

“那真是太谢谢旖旎了。”徐嘉宾传来一连串的表情图，感激涕零。

于是，旖旎受徐嘉宾之托，在他的家里住了一个星期，每天照看小美。一个星期后，徐嘉宾回来，小美对他已经爱答不理。

徐嘉宾坐在沙发上看旖旎和小美玩，很有深意地说："我觉得，我是时候给小美找一个妈妈了，旖旎，你说是不是？"

旖旎当没听见，继续和小美玩耍。

"对了，旖旎，今年过年，我陪你回家过年行不？我还没去过大理呢！我有预感，我是那的女婿呢！"

旖旎拿起个椅垫向他砸去。

其实徐嘉宾也撒了一个弥天大谎。他根本没出差，只是去同事家蹭吃蹭喝借宿了一个星期，就为了能当大理的女婿。

"你怎么可以叫嘉宾？你是我人生的嘉宾吗？"

"怎么可以叫旖旎？我的旖旎。你不知道这个词有多魅惑，一下子你就扎根在了我心里。"

4

我再见到旖旎，已经是又一年的夏日。

"在大城市过了这么久，对自己的选择有遗憾吗？旖旎？"

“你知道的，我一直憧憬在一家书店邂逅我的爱情，爱情那么美，那将会多么有诗意，可是没想到我是在宠物医院邂逅了我的爱情。还是因为小美车祸受伤，果真是像我们常说的，狗血的剧情居然发生在我身上，我很不甘心。但是，我又不得不承认，徐嘉宾就是这样走入了我的人生，连同他的贵宾犬。从某方面讲，小美还是我的红娘。天哪！越说越没法说了！没有诗意，只有荒唐。可是人生，就是这样戏剧化的吧！

“至于我撒下的弥天大谎，暂时先继续吧，我会继续努力，或许我将来真能进大医院。如果不能，我对现在的工作也很满意，一不小心还收获了爱情。也很好。”

“为什么你叫旖旎，这和你的性格完全搭不上关系。”

“我不想拖着一颗半蛰伏的、随时会灰飞烟灭的灵魂。我唱山歌长大，我叫旖旎，却不是随便的花朵。”

5

满园芳菲，丹青水墨。

世间花海万千，非我眷恋之归所。

我有我的倾城色。

人生如逆旅，未来亦可期

任小玄在成长的岁月里羡慕的事情很多。

第一件——能有个独立的房间，因为从小到大都是和妹妹一个房间，直到她自己独自出来读书住了宿舍，也还是住集体宿舍。

第二件——将来嫁人的时候要穿上旗袍。

1

小玄最早对服装设计感兴趣是因为对旗袍有种执念。

少年时代看的电影里有很多旗袍。《花样年华》里的张曼玉，《色戒》里的汤唯，《金陵十三钗》里的倪妮，她并没有觉得那些演员有多漂亮，但是她们穿起旗袍的样子把她都看痴了。还有，就是男神韩舒奇的妈妈穿了件旗袍。

她真美呀！

大学入学第一天小玄见到了那个女人——穿着旗袍的韩舒奇的妈妈，太惊艳了！她和她的儿子从一辆豪车上下来。小玄也不认识那是什么车，因为没见过，说不上来名字。总之，凭直觉也知道，那车一定很贵很贵的吧。那一天小玄一直盯着她看，她的姣好的身材在软糯的旗袍包裹下透出万种风情，实在是太有风韵了。

小玄还以为她是韩舒奇的姐姐，后来听宿舍里大家议论才知道，原来是他的妈妈。

天哪！实在是太匪夷所思了！

小玄还记得她下车的那个瞬间。车门半开，一条白皙细嫩的美腿踩着银色高跟鞋从里面款款伸出来，落到地上。然后，她的橙色旗袍的裙角顺着美腿垂下来，恰到好处地落在膝盖上方。然后，她垂眸从车里仪态万方地探出头来，而后，她美目四顾，再而后，她慢慢站起身。看起来极其平常的动作竟然被她演绎得美极了，让小玄想起电视上看见的大牌演员下车走上红毯的那一刻。每一秒钟，每个瞬间都像极了特写镜头。这个已经不再年轻的女人竟然让她在刹那间震撼，并且，这一幕一直深深刻在小玄心头。多年以后，小玄一直记得这个女人和自己当年的触动。

尤其，小玄记住了她的那件旗袍——橙色的，带着牛奶般的丝滑光泽，有一点儿镂空设计的软糯的无肩旗袍。还有她那双银色的高跟鞋，灰姑娘在童话的夜里得到的就应该就是这样一双水晶鞋吧！

即便这个女人很早便生下这个男生，此刻她也已经不再年轻，可是仍然如此风华绝代，她是怎么做到的？

那一天小玄在镜子前站了许久，她下意识地看看镜子里的自己。波波头短发，500度近视镜，一口牙套，脸上都是青春痘，还有稚气未脱的运动衫和牛仔裤，黑色棒球鞋。假如镜子里这一平庸的女孩能够脱胎换骨成女神，她自己都不相信。

2

这位女神妈妈实在是太美，美得光芒四射，甚至掩盖了儿子的光芒。接下来的一周小玄才发现，原来女神妈妈的儿子也是男神。可是再一想，那是当然的了！当然得不能再当然。

小玄和男神是隔壁班级，上公共课总是一起上。男神自带主角光环，通常上公共课大家都自动把讲台对面的焦点位子留给他。所以，小玄看到的总是男神的背影或者侧影。男神真的是男神，随便一个背影都是背影杀，当然，如果有幸哪一堂课正巧坐在他的侧后方位置，整整一个半小时都能欣赏男神的侧颜那就更加幸福了。她偷偷用手机拍了不知多少张男神的侧影和背影。可是也只能是自己珍藏，从不敢靠近他。

因为实在是差距很大吧，和他坐在一起她自己都会感觉不好意思，觉得亵渎了男神的美好。

男神当然是不缺女孩追的，男神身边总是围绕着仰慕他的女孩子。男神是学霸，更是学校的风云人物，到了二年级就成了学生会主席。也毫无悬念地，在大二他就有了女朋友，是最漂亮的那朵校花，并且还是校花主动追求的他。

出色的人总是不缺喜欢的人吧！

当全校同学都在祝福他们俊男靓女终成准眷属的时候，小玄心里是流泪的。

毕竟，表白也是要有资格的。

然而，男神也并没有和校花终成眷属，他们很快就分手了。大学四年间，男神换了三任女朋友，每一任都很优秀。大概越是出色的人，他的选择也越挑剔吧！小玄感慨。只是，换了再多的女朋友，跟她也毫无关系，那是男神自己的选择，而她，还并没有达到被选择的级别。

只是，这四年间，小玄自己也在慢慢改变。

小玄学业成绩非常出色，为了提高自己的能力，她加入了学生会宣传部。她留了长发。她之前之所以留波波头，是因为自己的头发有些自然卷曲，妈妈觉得高中学习紧张，短发更加容易打理。到了大学，她终于有了美丽的权利。戴了三年的牙套已经摘下，微微一笑露出一口漂亮整齐的牙齿。她也已经摘掉笨重的眼镜，经常戴隐形眼镜，这才发现自己的眼睛也很传神。运动衫早已成为陈年往事，她的审美越来越好，气质也越来越佳。

只是，男神的身边始终有佳人，她们都很耀眼夺目，跟她们相比，小玄仍然还是普通平凡的女孩子。男神被耀眼的光芒所吸引，是没有闲暇去关注一位平凡的姑娘的。

其实，小玄和男神是有过接触的。那时候因为学校周年庆，需要各系准备大型演出节目，小玄作为宣传部的服装统筹之一，要对几个节目提供服装，其中就有男神的演出服装。能亲自给男神准备服装让小玄非常兴奋。可是遗憾的是，她准备的演出服并没能亲自给男神穿上，因为人家有女朋友。人家的女朋友非常自然地从她手中拿起演出服，走到男神面前，将衣服抖开，眉目含情地看着男神，像等待君王更衣。男神将手臂伸进去，抖抖肩膀，她再用纤纤玉手为男神扣好扣子，将衣服上的褶皱抻平，尽管并没有什么褶皱。然后，当然地，再蓦然眼波流转，抬头迎上君王宠溺的目光，甜甜一笑。两个人眉目之间热烈的温度将小玄灼烧得要晕过去。

没错，那是她的君王啊。

没错，那是他的宠妃啊。

君王和宠妃，他们之间的爱情不是千百年来都在传颂的么，至今仍然热播的大剧和电影，不是仍然还在演绎着吗？

所以，他们没有错呀。

可是小玄，仍然只是那个路人甲。男神连看她一眼的时间都没有。

他的世界何其繁华，而她站在一片荒芜里，咫尺天涯，仿佛隔了整整一个世纪。

从那一刻起，小玄发誓要变得美丽。

她又想起他的妈妈，那个旗袍女人。

“总有一天，我会变成她那样的美丽女人。”小玄对自己说。

3

大学毕业后，男神和女友去了上海。小玄的工作并不顺利，半年之后才找到一份企业秘书的工作。工作繁忙，但是她仍然还记得心底的那个执念。

半年后，偶然一次陪上司去欧洲和香港出差，小玄在布拉格街头惊讶地看见一位年纪很大的外国阿婆穿着中国旗袍，在众多的西洋裙中，那旗袍显得那么婀娜。在香港大街上，她也看见不少年轻和年老的女子穿着各式旗袍，她不由得驻足。维多利亚港的晚风再次拨响了她心底的那根弦音。她回来后第一件事便是买了许多关于旗袍的服装杂志，她又请教了几位制衣店的老板，开始学习服装设计课程，她决定要做一家旗袍的服装店。

几个月后，她终于在互联网上注册了自己的服装小店，名为“旗袍美人”，它的定位——“世间美丽万种，我只用旗袍演绎万种风情”。

七年后的一个校庆日，小玄偶遇了久违的男神和他的太太。男神并没有太大变化。只见他端着酒杯向她走了过来。她想起从前的自己，微微颔首，又抬头从容地看向他。

“你好，任总，我是你隔壁班的韩舒奇，还记得吗？”他探询式地看着她问。

“你好，韩舒奇。”她淡淡地微笑说。

“你的旗袍美人真是太美了，已经打入国际市场，我现在在美国洛杉矶做财经记者，可否有机会采访你？”他客气地问。

“可以的，谢谢。”小玄微笑点头说。

“对了，我妈妈是你的‘头号粉丝’，她最喜欢你家的旗袍了。”

他忽然轻笑说。

“哎呀，任小玄吗？你真漂亮！”他的混血太太端着酒杯兴奋地走过来，“来，我们拍张照片留作纪念！”

小玄笑笑：“你好。”

拍照的瞬间，小玄脑海里又浮现出韩舒奇的女神妈妈和她的旗袍，又浮现出当年在演出后台看着男神和他的女友试衣服的那一幕。

如今，小玄成了当年自己崇拜的人的女神。她真的实现了自己的诺言。

她感激岁月的恩泽，更感谢自己的努力。

4

这是一个关于美的故事。

我见到这个姑娘的时候，“旗袍美人”的品牌已经做到了国外连锁。当我打开旗袍美人店铺的链接，我才知道，原来中国古老的旗袍也可以千姿百态。小玄姑娘已经将我们传统旗袍演绎成多种风格。有与现代裙装结合的改良长短旗袍，有与艺术结合的油画般图案色彩做面料的创意旗袍，还有婚礼专用的传统旗袍等，种类之多，让人叹为观止。

这个夏天，小玄姑娘就要穿着自己家的旗袍嫁衣走进婚姻殿堂，她的新郎不是别人，正是“旗袍美人”品牌的设计总监。和小玄一样，他对旗袍有种莫名的痴迷，在“旗袍美人”创办之初，他便是第一个设计师，他伴着小玄直到“旗袍美人”成为知名服装品牌。他们一路走来，收获了一份成熟饱满的爱情。

“你和曾经的男神擦肩而过，后悔过吗？”我问她。

“暗恋其实也是一件很美好的事情。我的确曾经难过又悲伤，因为感觉到差距，无法表白。我只能远距离欣赏，欣赏一个遥不可及的风景，痛过，自卑过，也颓废过。如深潜在海底的生物，我只有不断努力向上攀升，才能消弭这一万米的差距，浮出水面，拥抱炽热的阳光，新鲜的空气，以及轻盈的风。不断地追寻向往的美好，我才得以见到这世间的辽阔。我热烈地爱着美好，最后终于能够沉醉地做一份与美好相关的事业，并且因此我也收获了更多的美好，这大概就是我此生的意义。”

“我真的要为你骄傲，美丽的姑娘。祝福你！”我说。

人生没有止息，错过未必只有惋惜，未来亦可期。

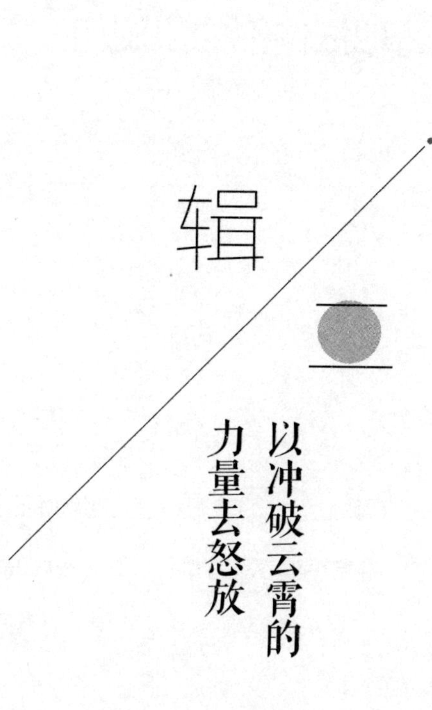

辑二 以冲破云霄的力量去怒放

真正的凯旋，是不断地推倒你的凯旋门

1

2018 年那个阴郁的秋日，我去找你的时候，你手里正捧着一盆多肉植物，音响里放着一首雄壮的乐曲《Fight of dream》：咚咚咚咚咚，咚咚咚咚咚，咪咪嗦嗦啦……这节奏实在棒，我的脚都不由自主地跟着舞动。

我倚着门站了一会儿，沉醉了一会儿才说：“那个，小麦……”我又沉默了，觉得实在不该破坏你的好心情。

“嘁。”

“不就是失败又多了一次嘛！说吧……咪咪嗦嗦啦……”你连看也没看我一眼，还一边沉浸在音乐里，一边侍弄着手里的多肉。

我不禁扶额：“我算服了你了，小麦！”

“我给你讲啊，我最近迷上了研究精油，你知道吗？”你放下多肉，兴致盎然地一边说，一边用手一一数着面前桌上摆着的许多瓶瓶罐罐，“你能想象吗？这些，云杉，百里香，迷迭香，罗勒，豆蔻，丁香，月桂，尤加利，佛手柑，天竺葵，薰衣草，这些小瓶里都是用这些植物制作的精油，多神奇！你闻见这满屋子的香氛没？有没有点儿着迷？”

“你比香氛更让我着迷。”我摇摇头说。

“你这话容易有歧义，我可是异性恋。”你说。

我哈哈大笑。

那一刻我望了望窗外，阴郁已经消失不见，树影斑驳，红色黄色的叶子被日光镶了一道金边，煞是好看。

你小心地掀开一个精油瓶的盖子，欢喜着倾身将鼻子凑上去，闭上眼陶醉地闻那香氛。我惊讶于你侧颜的美丽。于是我说：“小麦，你就这样舍弃了演员这么耀眼的职业，这样做值得吗？”

你沉吟了片刻，抬起头对我笑：“当然值得。”

“你真的舍得头上的光环吗？大家都觉得太可惜了。”

“有什么可惜，我又不喜欢。”

“要知道，多少女孩都梦寐以求得不到的，你居然不珍惜。”

“我只是知道，我想要的是什么，人是没办法骗自己的，我不想欺骗自己，虚假地活着。”你沉静地说。

我转身去看墙壁上大大小小你的照片，不由得感叹：

“哎，生在艺术世家，父母都是演艺界名人，5 岁起成为童星，自幼学习舞蹈，15 岁进入上海艺术学院附中，18 岁考入中央戏剧学院，还没毕业就接演了两部重量级电影，大学毕业直接进黄导演剧组，三年之内出演两部电影，其中一部中担当主角。曾被传为佳话……你这履历真是让人羡慕嫉妒。所有人都在翘首期待属于你的时代到来，没想到你拍完那两部电影之后就销声匿迹、隐没江湖了。你说你可不可惜？放着红火的金光大道不走，偏要搞什么摄影。现在都手机微信时代了，都已经 4G 了，拍照片谁不会，PS 都是小儿科了，谁还搞老土的摄影啊！”

“可是我喜欢，不论时代怎么变，始终不能否认摄影是一门艺术，并且我觉得这门艺术值得我去学习和研究。这个世界需要镜头去记录一些真正值得记录的东西。不是单单拍照那么简单。我不否认，演员生涯是一条光辉灿烂之路，到处都是雷鸣掌声，到处都是鲜花和尊崇。可是说实话，我觉得很喧闹啊，我喜欢安安静静做点儿自己喜欢的事，我要对我的选择负责，所以我才要建这个工作室。”

“可是小麦，演员除了给人带来名望之外，还拥有常人没有的富足的生活。”

“我不能说我不需要钱，那不现实。但是，我觉得我不能为了钱去违心做自己不喜欢的事。我做喜欢的事一样可以拥有想要的生活，即便暂时还达不到很高水平，但我会一直努力。为了这份喜欢而努力，我很快乐。我的快乐是金钱买不到的哟！”

2

你放弃了天才演员的光环，却没能很快戴上天才摄影师的光环。几年来你建立了工作室，到处去拍摄，参加摄影展，却一次次遭遇失败。可是每次你都很平静地说：

“嘁。”

“不就是失败又多了一次么！”

“那我可以让成功再多一次！”

“你放弃了大好的演艺事业，实在让人不可思议，让我们不得不想入非非。该不是有什么隐情难以启齿？你是不是遭遇过潜规则？是不是潜规则让你对娱乐圈不满，才导致你放弃演艺事业？”你的决定不可避免地引来新闻媒体的追踪和探究。

“哇，你们想得太多了。真的很简单，就是我喜欢摄影大于喜欢做演员，就这么简单。”

你的率性让人觉得不能理解。

3

“你还记得那首歌吗？”我没注意音乐是什么时候停的，直到一直侍弄多肉植物的你抬头问我。

“《The best is yet to come》？”一个男生的声音从门口传来。是闫喆。

“嗨，你抢了我的台词。”我笑着说。

小麦的眼中有片刻火花闪耀，却很快消失。

“你怎么又来了，我说了，我不演戏，话剧也不演，没有时间，也没有心情。你还是另请高明吧，中国最不缺的就是漂亮女孩。”你盖上精油瓶盖，转身往里间的卧室走去。

“中国最不缺的就是漂亮女孩，最缺的就是有灵魂的女孩。我是来送你的。”闫喆说，他跟着你走进里间，我也跟在后面。

“你怎么知道我的行程？这屋子里有内鬼，你说是不是，小葵？”你白了我一眼。

“哪有啊，我怎么看不见。”我假装环顾四周，闫喆已经笑出声来。

“我受剧团团长之命做最后的努力，咳咳，居小麦女士，我们现代剧团正式邀请你出演话剧《暗恋桃花源》的女主角，我们剧团需要你，广大观众非常需要你。你精湛的演技让我们剧团生辉，让我们的观众折服，请居小姐务必慎重考虑。”闫喆深情款款地说。

“请转告你们团长大人，谢谢他的盛情邀请，但是很遗憾的是，从前那个女演员居小麦已经查无此人，现在这世上只有一个摄影师居小麦。”你一边从衣柜里挑选衣服装进行李箱，一边说。

“如果，如果是我邀请呢？”闫喆沉默了好一会儿又说。

“闫大编剧，你觉得你会比你们团长更有震慑力吗？我都不是演员了。”小麦瞪了他一眼。

“我现在不是以编剧身份邀请你呀！”闫喆搓着手，从你的背后绕到你身旁说。

“那什么身份？”我坏坏地说。

“我的身份嘛，暂时还……没被确认。”闫喆看着你犹豫着说。

我怕我笑出声来，假装出去打电话。

十分钟后，闫喆垂头丧气地提着箱子和你走出来。

“小麦，比赛的事别介意。”我还是想安慰你一下。

“The best is yet to come。（最好的尚未到来）”你笑了。

“没错，加油！”我说。

4

那日一别至今，已经很久没有见你。你的工作室我去过几次，都不巧你去外地拍照，没有见到你。我看见你微信朋友圈里的动态，行程满满的，你总是在路上，风尘仆仆。我嘲笑你在摄氏 40℃的高温地区，你把自己包裹得像个粽子。在极冷的高山雪地，你戴着面罩和挡风镜，像极了星外来客。

“好么！要不要这么拼！”我说。

可是我知道，镜头里站在你对面的人却被你拍得极美。

你的长久努力终于让你再次获得上帝的眷顾。不知从哪一天起，各大杂志和媒体的摄影邀约从四面八方蜂拥而至，你的摄影不仅是对大自然、对人物的复刻，更加入了自己对世界，对人性，乃至对生命的思考，让人拍手叫绝。因你的独特的审美视角和特别的影像处理，你甚至成为许多影星的独家摄影人。他们从你拍摄的照片中得以与心灵深处的另一个自我邂逅，这是让他们震撼的。你的名字——居小麦已经成为摄影界一个独特的标志性符号。

所以，我似乎能懂得你说的那些话了——

“我觉得演员和摄影师于我，是一种身份对另一种身份的救赎，而不是身上的一个标签对另一个标签的救赎。那是不一样的。换句话说，是摄影师的我解救了演员的我，因为没有热爱的中枢神经，演员的那个我不过是个空壳，是没有生命力的。而摄影师的我，才是那个蓬勃的我，因为注入了全部的生命力和热情。没有生命力的空壳势必会在岁月的漫长洗礼中变得枯萎，而那个注满生命力的蓬勃的我才会随着岁月的变迁茁壮成长，变得愈加丰盈。

“我不否认，在演艺事业上，我曾获得无数光环，我轻而易举地跨越了一个又一个凯旋门，那不过是我运气好，却并不意味着，我会永远幸运。只有我自己知道，那光环势必会随着岁月流逝风沙侵蚀而暗淡无光，因为当演员并非我所向往。而今，我只有不断地推倒凯旋门，才能迎来我真正的凯旋。”

我无数次说过，你一定会成功的，小麦。

我很想念你的那句：“嘁。不就是失败又多了一次么！”

还有，我这次带了礼物给你，是你一直期望的摄影大奖的奖杯。那你是不是可以告诉我，闫喆现在的身份确立了没有？嘿嘿，八卦一下。

悄无声息地坚强，只因贪恋这俗世梦想

1

“我再说一遍，我们这是医学杂志，不是什么小青春小文艺的，医学需要的是什么？最精确的语言，最准确的逻辑，最缜密的分析，有了这三条就可以了，那些抒情啊，描述啊，那些软绵绵的词汇全部删掉，我们这杂志不需要什么创新，懂吗？就是言简意赅，准确传达医术，就 OK。懂了吗？”

“好的，主编。”

“对了，你叫什么？”

“陈朝鹿。”

就像这位霍主编永远记不住朝鹿的名字一样，朝鹿永远也记不住他说的这三要素。她总是想在稿子里边加点儿东西。那些写满神经系统、内脏系统、消化系统、内分泌系统等的稿子，看起来就让人想到冰冷的手术刀和手术室门口亮起的红灯。她总是想在字里行间加点儿自己的心绪感言，或者在结尾加些祝福之类的话，哪怕是无关紧要的一两个阳光一点儿的修饰词也好。至少读起来的时候让人没那么揪心或者生出恐惧。但是，不可以。

在这家医学杂志社任编辑已经有三个半月。按照霍主编的说法，他就没带过这么固执的下属。不管他怎么说，怎么要求，这个陈朝鹿就是一意孤行，从来都按照自己的方式写稿。当然的，霍主编也毫不客气，每次都是三个字——不通过。

“朝鹿，你要不要改改你的写作习惯，这是医术杂志，他们不需要太多描述性语言，你只需要客观陈述事实就行的。”我也劝她。

“绝不。医学杂志也需要人性化，变通一下为什么不行？一定要板起脸来说病情，像冰山一样寒冷吗？像某些讨厌的医生一样的？我只不过想让读者多一些暖意，也并没有影响那些专业术语的表达啊？为什么不行？这么教条的杂志社我不干了！”

第二天，朝鹿发了微信朋友圈：Game over，又失业了！终于不用再跟冷冰冰的医疗系统打交道了，失业快乐！可是她一脸骄傲的笑容。

这是朝鹿半年内辞掉的第五份工作。

“服气。”我说。

2

对陌生人介绍陈朝鹿，我会这样说：“你知道现在的新锐畅销书作家倪东妮吧？”

“知道啊，她是名人啊！”

“对，没错，陈朝鹿就是这个大名人的伯乐，那本畅销书是她推出来的。”

于是，别人才恍然大悟般：“哦，她这么厉害啊！”

对，她就是这么厉害，厉害到因为这本书她丢了工作。这个我不会说。

时间追溯到 2017 年的 10 月第二个星期二，在她当时还任职的图书公司策划会上，朝鹿提交的选题是一位新人作者倪东妮的青春小说《红的红》，经过讨论，策划案被否决，原因是新人作者的作品有市场风险。

在朝鹿的努力下，主编同意在本公司下属的杂志上连载几期试水，没有想到，读者反映强烈，于是小说顺利出版并畅销，倪东妮迅速走红。然而，半年后，市面上出现了另一本畅销小说，小说几乎可称为《红的红》的高仿之作。朝鹿非常气愤地向主编申请维护倪东妮的著作权，但是主编斟酌再三，决定还是放弃。按照他的话说，因为打官司这件事耗费时间、精力和金钱，对方是出版界的大鳄，有时候两家之间还有工作来往，所以还是不要因为一本书影响了两家的长期合作关系。

朝鹿誓将权益捍卫到底，为此，她毅然辞职，将那本小说作者和公司告上法庭。经过无数个失眠之夜和悲伤难过的等待之后，终于帮倪东妮打赢了这场官司，然而时间已经耗去了一整年。

倪东妮成为朝鹿的终生好友，朝鹿以失去她最爱的工作为代价。

之后，朝鹿便开始了她的求职生涯，也开启了不断失业模式。

一家又一家图书公司，一个又一个杂志社，大都因为她有自己坚持的理念而没能多停留，直到三个半月前她到了《医疗报道》杂志社。遗憾的是，她再次发现，自己实在不适合这个陌生的医学领域。编写那些一点儿不懂、专业不对口的稿子，她找不到丝毫的快乐可言。

于是，就这样咯，她第六次失业。

3

我给朝鹿介绍了个新男友小 W。朝鹿笑笑说：“好啊，让他加我微信聊。”

两人的聊天模式是这样的——

小W：你好，朝鹿，我听小葵姐说你是个非常优秀的图书编辑。

朝鹿：还行吧，她说的也没错。

小W：你看，我们能见个面吗？什么时间请你吃个饭？

朝鹿：可以啊，吃饭之前我先带你参观下我的房间吧。

小W：那太好了。

于是小W在朝鹿发过来的视频里看见了她房间的全貌。房间不大，却被一个很大的书架占去了大半面墙，贴着墙壁的地上放着大大小小的纸箱，里面都是书。

小W：你真是爱书之人啊，这么多书，都是什么书啊？

朝鹿：滞销书。

小W：什么叫滞销书？

朝鹿：就是卖不出去的书，我从前做的。

小W：……

朝鹿：我一直缺个人帮我卖书。我以前每做一本书都需要自己卖几百本书。

小W：……

朝鹿：还有，你有微博小号吗？有的话可以帮我宣传书。

小 W：……

朝鹿：我工作常常加班。另外，我做书的时候呢，常常出差帮作者做签售会，全国各地的跑，有时候从北向南，有时候从东到西，身不由已呀。

小 W：那个，我有点儿忙，晚会儿聊啊。

朝鹿嘻嘻哈哈地给我发来截图，我哀叹一声：我给人家介绍说你多么优秀，你直接让人家知难而退。

朝鹿：好汉不提当年光辉。

我：我看你一点儿不像需要男朋友的样子。

朝鹿：我需要一个懂我的人。

我知道，她又想起了秦安，她的前男友。

秦安是个勤劳的程序员，大学里的前几年都在沉睡，在最后一个学期才一朝醒来对朝鹿表白，毕业前夕才追上朝鹿。所以，大家的爱情都是毕业到尽头，而他们两人的爱情是毕业才开始。他们的爱情一直被看好，是最应该走到白头的那一对。秦安像极了《射雕英雄传》里的郭靖，平日里木讷又笨头笨脑，所以朝鹿是很放心的，很相信她将来会跟他走进婚姻殿堂的。当秦安跟朝鹿坦白说已经爱上了别人的时候，朝鹿说什么也没法相信。这个连脑筋都不太会转弯的信赖已久的男友，他是什么时候开了小差，爱上了别人呢？

秦安非常坦白地告诉朝鹿说，他公司隔壁的妹子常常在他加班的时候来送夜宵，在下雨的傍晚递给他一把伞，在他生日的时候送给他特别的礼物，在他喝醉的时候载着他回家。朝鹿找他总是说：“秦安你今天还没有帮我转发微博宣传新书。”“秦安你在朋友圈帮我卖下书吧！”“秦安你还没有给我……”而当他需要朝鹿的时候，朝鹿总是在加班，在忙碌。

于是，他爱上了那个妹子。

朝鹿哭着笑了。“很好，你也没有错。毕竟，谁都需要被爱。”朝鹿当着秦安的面就将他所有账号都拉黑了。

再也不见！

“朝鹿，爱情会来的。”我只能这样苍白地说。

4

朝鹿不久去了一家杂志社做采访记者和编辑。

等到我再见朝鹿已是大半年之后。她主持了一个项目，做得风生水起。这个项目持续一年，一共要采访 210 个人，每一期策划一个主题，采访一个人物。她又开始全国各地奔波，每个月她都会给我寄来杂志。

我看着她写的那些稿子，每次都会感叹：朝鹿，你真是无法改变了这辈子，你永远是煽情，看的人永远要飙泪，看你的稿子真是太亏了！

她在微博上发了一条好消息："几个月之后，我的采访实录要成书啦。心里还真是有些忐忑。我像盼望春天一样盼望着它的到来。"

我仿佛看见她坐在藤椅上，闭上眼将头埋在翻开的书页里，沉醉地嗅着油墨的芳香。

她不用看就知道，第 38 页第二版有个小鱼配图的那些文字，在飘香。

真好。

至于她的爱情，她说，我看见它奔跑在路上。

我很相信。

悄无声息地坚强，只因贪恋这俗世梦想。

纵然这世界变幻莫测，你有你的荡气回肠。

云遮断归途，我乐不思蜀

1

自从有了微信，千千万万有血缘关系的家庭建立了更密切的联系，家族微信群这个神一样的存在便摧毁了很多年轻人的自由，我身边的周一林便深受其害。

自从有了家族微信群，周一林就生活在水深火热之中。他常常背地里把腾讯骂个狗血喷头，都是他们发明了这破玩意儿，让千千万万的年轻人失去了自由。

他们家的那个家族群“周氏集团”还真的像模像样地集团化管理，一大家子人都在里边按时打卡，群力群策。与正常企业集团不同的是，这“周氏集团”的一线活跃人员并不是年轻人，而是家族长辈，七大姑八大姨每天都踊跃发言，呼啦啦每一条都是 30 秒到 59 秒不等的语音消息。集团里最懒散的倒是年轻人，装聋作哑，敷衍了事，甚至好多天都看不见踪影。周一林是经常遭到长辈们讨伐的那一个。

群名片里可以看到七大姑八大姨在周氏集团的排序。周一林的爸爸就是那个至高无上的集团总裁，他的妈妈名片为总裁夫人。他的叔父，位列第二，周氏集团副总裁，婶婶当然是副总裁夫人。浩浩荡荡一大家子人在集团里都占有一席之地，几个年轻人的群名片职位分别为行政助理、秘书，或者宣传部长。只有周一林，经常神龙见首不见尾，按照大家的说法，是最不靠谱青年，所以只是个“职员”。

周总裁一辈子羡慕企业家，怎奈退休之前最高职位是个中学教导处的主任。而今一辈子没能实现的愿望终于在家族群里实现了，所以这个总裁当得有模有样，事必躬亲。

首先要以身作则，年轻人也好，年老人也好，首先要身体健康才能干事业。所以，周总裁每天早上都坚持早起去公园舞剑，给总裁夫人买早餐、拍照、晒朋友圈。每晚也必须跑步，在群里报步数。每晚十点在家族群里号令大家准备休息了。最重要的，每天早上 7 点半准时发送早安时报。天下大事尽在掌握，企业的蓬勃发展是需要良好的企业文化支撑的。可是周总裁的人气总是不太高，不知道是那些副总裁或者人事经理们嫉妒他的坚强毅力还是不屑于他的勤奋，每晚在群里报步数和道晚安经常是自言自语，无人回应。周一林每次都替他尴尬，可是又不想打击他，就一声叹息，随他去吧！

所幸这是个虚拟空间，有时候周一林会产生错觉，他爸爸真的担负起了一大家子的企业，到了废寝忘食的地步。

2

周一林一直跟周总裁不太和谐，因为爸爸在学校里当教导主任当习惯了，火眼金睛，对周一林从小到大的任何行为企图都能明察秋毫，让周一林大为不满，他在这个小家里没有丝毫自由可言。当然，周一林绝对不是个乖孩子，从偷偷旷课、打架、玩游戏，到和小女生早恋文身，周总裁没少被单独"家长会"，周一林一路成长一路伴随着硝烟弥漫。

不过周一林得意的是，多亏了自己睿智，高考超常发挥居然和早恋的小女生一起考进重点大学，只不过他考入管理系，小女生考入外语系。

这样的奇迹让周总裁不得不对这个儿子刮目相看，周一林和周总裁的对峙从那时候起才微微有了缓和。因为身体的原因，周一林大学没毕业，周总裁就退休当起了现在的总裁。周总裁越来越有总裁范，有了这个群之后，三口之家的小事也要拿到群里来说，感觉自己成了包拯，要尽量做到秉公执法、公开透明，周一林气得牙痒痒。

周总裁的语音比较特别，他叫人名字的时候通常要重复两遍：

“啊，周一林，周一林，你今天晚上回来吃饭吗？”

“啊，周聪，周聪，你们是不是定好了周末去哪里会餐？会餐地点告诉我一下。”

周一林之前还没有发现周总裁有这个毛病，有时候他就很想说，当了总裁也抹杀不掉你教导主任的痕迹，还一副喊大喇叭的做派。不过，他没说，还是别伤害周总裁那颗自恋的心。

周一林被发现藐视朝廷是在一个阴雨天。他爸爸在群里发了消息，还单独给他发了消息，可是他迟迟没回。他爸爸很着急，连续又给他发了好几条消息，他都没理睬。转天周一林的妈妈过生日，周一林回家吃晚饭，第二天早上走得匆忙，他把旧手机落在沙发上。旧手机的密码他爸爸知道，他爸爸打开一看就明白了，这小子主号根本没进家族群，怪不得大家都看不见他的朋友圈。周总裁恼了，将他狠狠训了一顿，勒令他用主号进群。

主号进群之后，周一林的工作就是：第一，辟谣；第二，辟谣；第三，还是辟谣。他实在看不惯那些长辈每天发的花式虚假新闻。周总裁为彰显总裁的至高权威和维护大周氏的良好秩序，便义不容情地将周一林踢出微信群了。周一林乐得自由，没想到第二天他又被总裁夫人拉进去了。

哎，头疼。

3

周一林这一年一直都很不开心，因为和女友许楠楠面临分手。许楠楠就是周一林从前早恋的小女友，半年前英文专业毕业，因为成绩优异，被外交部直接点名录用，周一林陪着她一起去北京报到，不久她就将被派去中国驻英大使馆，一年不能回国，回国后她也将在北京工作。而周一林对现在的工作不满意，一直渴望去上海500强企业去奋斗一番。朋友们都劝他面对现实，从校服到婚纱的爱情简直是海市蜃楼，不看好他们的爱情。周一林也觉得未来渺茫，可是十年的感情如何能轻松舍弃，他非常难过。他忍着心中剧痛，狠心不跟许楠楠视频、微信、发信息，拒绝跟她通话；他去找朋友喝酒，夜夜宿醉，因为只有宿醉似乎才能忘记许楠楠。

在那个周日的早晨他昏沉沉醒来，看见周总裁在周氏集团里发的消息：

“今天是我和夫人结婚30周年纪念日，很感慨啊，今天就在咱们全家说说我的恋爱史。

“我呢，在遇见夫人之前啊，一直是个很桀骜的人，还是当年省里的高考状元，按照现在的说法，我也曾经是一个‘学霸’。作为一个‘学霸’，自己就觉得自己很了不起啊。在当地人看来也真是很了不起啊，所以，从懂事起我身边基本也没缺过姑娘，学生时代，女孩子们都喜欢‘学霸’。所以，我的课桌里总是有小姑娘送我的零食啊，小贺卡啊，我每天也很飘飘然，对她们根本不屑。

“毕业的时候，有姑娘来跟我表白。我呢，拒绝了。哈哈。当时就不知道为什么对她们不感兴趣。那表白的姑娘当时就哭了，她说你以后会后悔的。但是这么多年过去了，我还真没后悔，因为我很快遇见了我的夫人。人有时候吧，特别奇怪，那个人来了，你就会像中邪了一样，我就特别喜欢我夫人。今天当着小辈的面说这话也不丢脸，追她的方法其实很老土的那几招，追了很长时间，谁让夫人确实漂亮，哈哈。不过，我可不是因为她漂亮，我是觉得这姑娘身上有种别的女孩没有的东西，具体是啥我说不上来，总之就是跟别的女孩不一样，我就着了迷。当然，总裁我也一表人才，所以后来夫人最终成了我的夫人。但是因为夫人不同意，我没能实现下海经商的愿望，后来只当成了一个中学教导处主任。30年过去了，回顾我的大半生，有些理想没能实现，可是以其他方式还是能够简单实现一下的，是吧，我现在不是周总裁了吗？哈哈。这30年，夫人一直陪着我，我可是心满意足。当然，这30年里我也有过不甘心，我那些同学啊，现在做市长的都有了。但是快乐这个东西它是平等的，它可不论地位高低，我这30年的快乐啊，肯定不比他少。

“人生呢，哪有总是一帆风顺的，低谷和挫折才是常态。可是不能总放任自己低迷呀，那样岂不是辜负了自己？我这辈子就这样好，我从来不会灰心，不管遇到什么。我也算奋斗了一生，就知足了。不过，我们虽然退休了，但是还有一大把时间可以再奋斗啊，我准备带领咱们周氏集团创造个奇迹出来。我琢磨着选个项目做起来，我就不信我们一大家子做不起来个事业。我最近选选项目，认真调研考察一下，然后我们周氏集团就做起来。大家加油！

“对了，我其实想说的是，我其实挺赞成年轻人有自己热爱的东西，人的一生啊，其实珍贵的也就那么几样东西，理想啊，爱情啊，这些是在整个一生都会闪闪发光的东西，我是不赞成现在社会上流行的那一套，什么门当户对。”

接下来，是总裁夫人的话：“我说周总裁，你大清早的就在这里发神经，你不觉得难为情吗？”

副总裁：“哈哈哈，总裁就是有才！总裁万岁！”

……

周一林湿了眼眶。他知道，周总裁的这些话是说给他的儿子听的。他在以这样的方式来宽慰他，鼓励他，希望他能振奋起来，勇敢起来。

他懂了。

4

周一林按照自己的心意去了上海。半年后，他成为一家知名企业的知名策划。

情人节前夕，周一林一个人坐在上海外滩很久很久。之后，他给许楠楠写了一封长长的信。一周后，许楠楠在遥远的英国伦敦收到了他手写的亲笔信。她亲吻这封漂洋过海的信，泪雨滂沱。

过年的时候，周一林往家族群里发了个小视频。在英国白金汉宫前，周一林单膝跪地，正在给一个女孩戴戒指，女孩手捧鲜花，幸福溢满双眼，流下喜悦的泪水。这个女孩正是许楠楠。

视频引来周氏家族一片沸腾。

“哇！恭喜磊哥！”

“恭喜你，我的儿子！”

“从校服到婚纱不是神话！”

“谢谢爸爸，我知道，我的努力，你很期待。”周一林单独发了一条消息给周总裁。

周一林有点儿喜欢这个家族群了，更喜欢周总裁。

5

绮梦深深，何惧人生多艰。

童话瑰丽，何不倾情演绎。

你教会我勇敢追逐，不畏风急雨骤。

无论晨曦朝露，无论夜色茫茫，

云遮断归途，而我乐不思蜀。

江山如有待，
知我青云意

1

不记得是第几次去丽江了，因为时节不同，每一次的感受都略有不同。而这一次，尤为不同，不是因为季节变换，而是因为丽江小镇多了一个我无比熟悉的名字——蛮子。

蛮子本姓何，出生于黄土高坡，却因为九年义务教育加上高等教育，少了西北人的粗犷，多了一颗细腻的心。

在同龄人中蛮子是最早有女朋友的，早到比别人提前了十八年，何蛮子在出生不久便被爸爸给预定了出去，据说他百天的时候大人们还给两个娃娃行了礼，所以何蛮子走到哪都是有主的人了。

何蛮子从小到大对这事耿耿于怀，背地里骂他爸爸，人穷不能志短，何先生就这么把儿子拿去抵押换大房子住实在是让他怒其不争。

何蛮子于是发誓离开那个写满耻辱的鬼地方，报考的志愿都天南海北，他要尽可能地离愚昧又落后的大西北远远的。

他如愿考上了南方的重点高校 T 大，参加了校园围棋社团，很快喜欢上了社团里下围棋最好的姑娘孟菲儿。江南女孩温婉细腻，眉眼间都写着柔情似水，可是孟菲儿喜欢的是社团里的另一个男生唐吉。唐吉和何蛮子住在同一个宿舍，来自中国最北方的城市漠河，他的家世很好，人又豪爽，出手阔绰，很有绅士风度，很快成了 T 大的风云人物。

喜欢唐吉的女生很多，他们的宿舍从来没断过女同学，遇到节日更是热闹，唐吉收礼物甚至收到手软。唐吉似乎很喜欢众星捧月的感觉，或者心怀仁慈，舍不得回绝任何一个妹子的好意。孟菲儿很少来他们宿舍，可是蛮子却知道，她也喜欢唐吉。

她的喜欢是安静的，像缓缓流淌的泉水。唐吉在社团的身影时刻牵动着她的眼光，唐吉讲话，她会很及时地给唐吉递上需要的麦克，唐吉讲话累了，她会很贴心地递上一瓶矿泉水，当然，大家都有份，她会不留痕迹地送上关心。每次社团活动结束，她都不会比唐吉先走。而何蛮子知道这些，是因为他也同样在扮演孟菲儿的角色。

可是，唐吉似乎不知道孟菲儿的喜欢，恰如孟菲儿不知道何蛮子的痴念。

2

两年悄然逝去，身边的同学很多都恋爱了，这三个人却都还是单身贵族。大概疲于征战，唐吉身边围绕的女生渐渐地也都去找“爱自己的人”去了。只有孟菲儿还一如既往，眼里心里只有一个唐吉。

孟菲儿 21 岁生日的那天，特意给唐吉发了微信邀请他来参加。孟菲儿专门和同伴去理发店做了头发，理发店的小哥都说她漂亮得像芭比娃娃。孟菲儿还买了倾慕已久的裙子，化了漂亮的妆容，期待那个夜晚的自己能给唐吉带来不一样的感觉。

约定时间过了好久，唐吉的确是来了，可是却是空手来的。他匆匆忙忙、满头大汗地冲进来，说遇到了急事耽搁了，没有来得及买礼物。正在拆蛋糕盒子的何蛮子见孟菲儿勉强的笑容下难掩的失望，当时恨不得一拳将唐吉打扁。

孟菲儿闭上眼睛许了愿望，吹了蜡烛，眼睛里有了泪光，却忍着泪切了蛋糕。吃了蛋糕又喝了酒的孟菲儿有了醉意，趴在桌上就哭起来，她说：“唐吉你干吗不给我买礼物，我都过生日呢，你连一点儿心意都不准备。”

唐吉抱憾地说：“对不起啊，孟菲儿，我改天补给你。”

何蛮子立刻给了唐吉一拳：“你补什么补，她就今天过生日，你还是人吗？她喜欢你好几年了，你装什么孙子？”

唐吉愣在那里，红了脸，站起身，逃出宿舍。孟菲儿看着他的背影，脸上挂着泪笑出声来：“哈哈哈，胆小鬼。”

何蛮子心疼地抱了抱孟菲儿，红着眼眶说：“你怎么那么傻。”

第二天一大早，何蛮子被手机叫醒，孟菲儿在电话里很高分贝地跟他喊：“何蛮子，谁让你多管闲事？谁告诉你我喜欢唐吉的？现在好了，所有人都知道我喜欢唐吉，所有人都知道唐吉离我而去，我成了笑柄，你凭什么自作聪明？”

孟菲儿在手机那端又哭又喊，何蛮子突然大声说：“孟菲儿我喜欢你，你知不知道？他这么对你我看不下去，你知不知道？喜欢他你去追啊！你委屈自己这么多年，我再也无法忍受！”

手机那端突然就没了声音，何蛮子连风声都听得真切，可是就没有孟菲儿的声音。

“菲儿，我爱你，别太委屈自己，累了的时候，我陪着你。”

之后是长长的静默。

唐吉在那之后就开始躲着孟菲儿，很少出现在社团。不久有了女朋友，是个外校的女生，两个人在校园里十指紧握，唐吉还在微博上秀女朋友的照片。

那段时间孟菲儿的日子不好过，总觉得所有人的眼光都内容丰富，所有人都在耻笑她。好在何蛮子总在身边，让她觉得还没被全世界遗弃。

3

那个暑假之前，何蛮子的爸爸给他打电话说："你老大不小了，可以和阿香订婚了，这个暑假回来你们就订婚，然后毕了业就回来结婚吧！"何蛮子说："我从来都没承认阿香是我女朋友，你们定的根本不算数，再说我有喜欢的人了。我不会回去订婚的！"何先生在电话里骂何蛮子："我们何家居然出了你这么个陈世美，真是造孽啊！"

何蛮子一气之下，晚上订了两张去丽江旅游的机票，第二天送到孟菲儿手里。孟菲儿见他诚意一片，机票都买好了，旅游团都订了，犹豫良久，便同意跟他一起去丽江散散心。

丽江的确是个好地方，何蛮子没见孟菲儿那么开心过。孟菲儿感叹说："要是能在这里生活你说是多幸福的一件事啊！"何蛮子记住了孟菲儿的这句话。

大学快毕业的时候，唐吉已经定下来去俄罗斯读研，孟菲儿还没有明确的方向。何蛮子有一天突然问她："菲儿，如果我在丽江开个旅游山庄，你愿不愿意跟我一起去？"

孟菲儿看着他就笑了："哈哈，那好啊，你要是有山庄，那我就去。"

"我是认真的，菲儿。"

何蛮子给他爸爸打电话："爸爸你把给我订婚的钱先借我用一下吧，我有急用，我赚了钱还给你。"何先生说："你个混蛋小子都不听话，还造反了，我打不死你，凭什么还从家里拿钱，我没钱，把你卖了就有钱。"骂了整整十分钟，末了问："你需要多少？打个欠条。"

这是离得远，离得近何蛮子就真的要挨板子，何家的家族规矩就是没有棍棒不成材。所以挨了十几分钟骂，换来三万元，这事何蛮子怎么想都划算。

何蛮子去了丽江，考察了几天，在一个繁华景区租了一间民房，又找了当地的民工将它改造成有几个独立房间的小旅馆，很快小旅馆开始营业了。

丽江的旅游业实在发达，小旅馆的生意比预想的还要好，几个月就已经赚回了本钱。何蛮子又将旁边的民房租下来，精心装修成了小资文艺间，即便是重度文艺癌青年，也交口称赞。何蛮子将两个旅馆合在一起，扩大了规模。他的生意越做越火，今年又在附近新开了酒吧，小旅馆已经变成了小有规模的山庄。

可是遗憾的是，孟菲儿并没有如约去丽江，她去了深圳。五年之后同学再聚首，她已经成长为一个飒爽的女律师。

4

再见到何蛮子，他还是老样子，这古朴的丽江小镇却没有淹没他的热情和豪迈。我在何蛮子的小山庄里邂逅了一位佳人，他半推开暗房的门，我探头看去，那女孩正在暗房里洗照片。虽然暗房里光线有些诡异，但是还是辨认得出女孩眉目清秀，温婉可人。

“我未婚妻，黄娇娇。”何蛮子小声说，女孩听见声音，冲我们莞尔一笑。

“哇，恭喜你呀！”我由衷地说。

他带我去喝茶。我还是忍不住问他:“蛮子，你有没有恨过孟菲儿？”

何蛮子喝了一口茶，然后说：“伤心过，很伤心。但是我们都在奔赴热爱的路上，只不过，是我们各自的热爱。她也没有错，忠于内心，便是真诚。也祝她一切安好吧，这世上，没有什么比自由和热爱更能使人感到由衷的幸福。当然，为此你要付出很多艰辛。而曾经的岁月，因为我曾全力以赴，是我人生的一道美丽风景。”

“我因为孟菲儿来到了这里，然后，我就再也离不开这里，我也在这里邂逅了我的未婚妻——一个温柔恬静的江南女孩，在一个秋日的清晨踏着露珠走进了我的小旅馆，我知道，我的爱情它来了，刚刚好。”

守护过冬的灰白，等待过春的嫩绿，

期盼过夏的芬芳，终拥有秋的橙橘。

江山如有待，知我青云意。

我一定要成为
我注定要成为的那种人

1

夏初的某一天清晨，我醒来就看见手机微信有人 @ 我的提示，我点开提示，发现是校友群里发了一条消息：下周六晚，乙坤首届雨林音乐会在深圳举行，目前还剩 20 张票，以红包为票，大家先抢先得。我立刻点开红包，当然提示的是："手慢了，红包已被领完。"呜呼，我这一觉，错过了十个亿呀！

2017 年，在全国音乐新人选拔塞上，戴乙坤以一首《回眸》惊艳四座，一举夺得最佳唱作人奖项。从此，他正式踏上音乐之路。

母校的几万校友都为之振奋，为之呐喊，"戴乙坤"这三个字从此成为母校的骄傲。他的照片开始出现在各大报纸杂志上、网络新闻里，他以迅雷不及掩耳之势走红。

然而，乙坤的争议却是很大的，都是围绕着一个问题——他是一个富家子弟，他的爸爸是个隐形富豪。

因此，很多人对他的成功产生了疑问。他的故事一点儿都不励志啊。有钱人家的孩子，想成为什么样的人都很容易的吧！有强大的经济实力在背后支撑，想做出一番事业来岂不是易如反掌？

可是，没人知道，富家子弟的戴乙坤也有如常人的成长历程。

2

乙坤果然是被黑大的孩子，连皮肤都比弟弟乙哲要黑很多，不过眼睛要比乙哲更明亮，他从头到脚的每个细胞都散发出一种温暖，让人不由自主想靠近。

乙坤生在广东，小学毕业后随做生意的父母来到北方，满口的粤语便显得非常突兀。同学们都是追星一族，对于港台热播剧都趋之若鹜，猛然身边出现这样一个说粤语的，都觉得新奇。乙坤自然成了被关注的焦点，也自然成为音乐之星。因为那个时期的港乐还在盛行，乙坤唱的粤语歌纯正无比，他俨然就是刘德华、林俊杰、陈奕迅、谢霆锋，就是港台明星在开现场演唱会。同学们因为对港乐的迷恋，导致了对乙坤的崇拜。乙坤也希望能和同学们融合，竭力说普通话，可是还是会经常带出几句粤语来。

女生们经常会将他和偶像剧里的主角对比，从外表看，这个男孩和北方的男孩没什么不同，只是他的眼神比北方的孩子要温和一些。可是他不同就在于，他很轻松地就博得了老师的喜欢。班主任老师为了能锻炼他的普通话，亲自推荐他去了学校的广播室，在每天上午间操的时间播音。

木秀于林，必有风摧，北方向来寒冷。

中小学时代，广播室是个神圣的存在，每天那里播出当日的通知，还有某种奖项，与颁布某种法令有异曲同工之效。所以，能在播音室播音的同学头上都自带主角光环，在同学们面前无须言语，脸上自然挂着威严和骄傲。希望去播音的同学很多，被老师选中的却寥寥无几，而乙坤刚来不久就获得了殊荣，难免让人恼火。

彼时广播室已经有两个播音的同学，男生林磊，女生吴琼，两个人一直配合默契。乙坤的加入显然破坏了原有的和谐，乙坤有不确切读音的字词，吴琼都会很主动耐心地帮忙。林磊渐渐觉得自己失去了在同学们面前至高无上的地位，尤其是吴琼同学，显然已经对他取消了关注，他便生出既生瑜何生亮的悲愤。于是，某天放学便和死党胖子一起截住了乙坤，挥舞着拳头威严地警告他离吴琼远点儿，否则对他不客气。

3

这一年秋天，周杰伦的歌迅速传遍山山水水，乙坤喜欢上了周杰伦，更喜欢上了方文山。他将周杰伦的《七里香》《烟花易冷》《刀马旦》《青花瓷》都认真地抄到笔记本上，还模仿着写了几句歌词。未料，第二天中午他拿出笔记本唱这首歌的时候，被经过的胖子看见。胖子跟林磊说好机会来了，两人到老师那告密说乙坤早恋，还写了情诗。老师到教室一看，乙坤果然拿着笔一边看情诗一边沉思。

“天青色等烟雨，而我在等你……”

班主任勃然大怒，立即没收了乙坤的笔记本，并且给他爸爸打电话，请他过来。乙坤的爸爸在南方经营产业，无法迅速回来，来的是乙坤的继母梅姨。

乙坤没见过亲妈，据说他的亲妈在生下他之后就去世了，他的记忆里只有爸爸和梅姨对弟弟的纵容和娇惯。弟弟做错事将责任推到他身上，梅姨会装作不知道，爸爸明知道是怎么回事也会批评他而不是弟弟，对于这样的事情他已经很习惯。不过他爸爸在每次批评完之后都会找个机会补偿他，他也习以为常了。

梅姨很夸张地在老师面前狠狠教训了乙坤，乙坤一直沉默。他不知道是不是该说老师孤陋寡闻，连周杰伦和方文山都不知道。梅姨义愤填膺地责骂他不肯认错，老师最后说了一句，不过这孩子倒是写得挺不错，将来没准能成诗人。这句话乙坤后来感激了他好多年，也因为这句话，乙坤当时就原谅了老师。

4

众口铄金，积毁销骨。尽管老师努力压制，乙坤“莫须有”的早恋风波还是被传得全校尽人皆知。乙坤和吴琼两人双双被撤销播音员的资格，只剩林磊一个人在广播室叱咤风云。林磊没有料到会波及吴琼，连连跟吴琼道歉，吴琼送他四个字——我鄙视你。

吴琼很懂事地对乙坤说：“戴乙坤，虽然我不知道你这些是不是写给我的，但是你坚持写下去吧，我一点儿都不怪你。”

乙坤的爸爸回来之后了解了情况，之后叹息说：“儿子，你常常受委屈，爸爸对不住你。”

乙坤说：“爸爸，你知道皇后乐队吗？乐队的主唱说过一句话，我一定会成为我注定要成为的那种人的！我也一样！我一定会成为我注定要成为的那种人！”

那一刻，他便已经决定要真的成为一位作词人。在这之后，他开始专心研习方文山、黄伟文、周耀辉等著名词作者，也学习中国古典诗词，开始寻找自己的歌词创作模式。他一边学习编曲，一边写下大量的诗歌和歌词。

在这个娱乐至上的时代，音乐有了千姿百态的表达方式，原有的音乐风格会迅速被新的趋势和新风尚所代替和淹没。他的爸爸劝他：“不要浪费时间和精力，你好好读书，爸爸的产业总有一份是要留给你的。”

可是乙坤说：“爸爸，产业留给弟弟就好了，我只想寻找我自己的音乐表达。还是那句话，我一定要成为注定要成为的那种人。”

5

乙坤和乙哲分别考入不同的大学，乙哲刚入大学不久便喜欢上一个女孩，追求女孩却怎么都不得法，便想起来乙坤写的诗歌，在家中的电脑里有留存。乙哲专门买了机票回了一趟家，从电脑里复制了几首乙坤的诗歌。诗歌的力量之大让乙哲心服口服，没想到几个月都没攻下来的叶子看见乙坤写的第一首诗歌就投降了。

没多久，乙坤的学校要组织庆典活动，需要创作几首歌曲，文艺部长莫小萱想起了乙坤。乙坤把诗歌改编成歌曲，借着学校的庆典活动录制了 MV，上传到了乐酷网。莫小萱和乙坤的歌立刻引起关注，这首歌突然被传唱，很快在各大校园传开。叶子也看到了这首歌，这首歌的歌词正是乙哲送她的那首诗歌，可是歌词的作者名叫乙坤。

叶子问乙哲这是怎么回事，乙哲面不改色地说，乙坤是我同父异母的哥哥，我妈白白养他这么大，还盗用我写的诗歌！看在我们血缘相同的份上，我就不追究他侵权的事了，算了，一家人，内部矛盾就不扩大了！叶子信以为真，觉得乙哲胸襟宽广。

可是过年的时候，乙哲带叶子回家，乙哲打电脑游戏睡着了，叶子帮他关电脑，很巧地就点开了那些文档，每一个文档名字都是“乙坤”。叶子把乙哲叫醒，跟他大吵一顿，弃他而去。

莫小萱和乙坤组织的圣昂乐队就在那时正式成立了，在一年后的 2017 年全国音乐新人大赛上，乙坤获得全国最佳新星唱词人大奖。不久，他便收到了一位经纪人的邀请函，希望能与他合作。乙坤知道，他向往的新生活正在向他走来。

乙坤火了，可是却一如既往地沉默，他的微博文章寥寥无几、稀稀落落，他的微信朋友圈更是很久都没有一个动态。“粉丝”总是在问：乙坤同学，请问你在哪里神隐修行？能赐张照片看看近况吗？

我总是哑然失笑。

不制造话题，不奉献热点，更不和“粉丝”互动，这哪里像是公众人物?

他只是默默地写歌，做音乐。

“贡献出最好的音乐，才是我对这个世界的回报。”他说。

6

他的最新消息还是两个月前在微博发布的一档综艺节目视频，在视频里他和另一位艺人接受采访。他被大家笑话了。

他果然不适合做综艺。

艺人是综艺节目的常客，可是乙坤天生不擅长交际，和别人互动生硬，导致频频冷场，自己还怡然自得毫不知情，在综艺节目里出尽了洋相。

视频弹幕纷纷出现：

“乙坤还是去搞音乐吧，这里不适合你。”

“乙坤出山，果然惊喜。”

“乙坤只有写歌唱歌时候是清醒的，其他时候一概醉着，睡着。”

“你们都不知道拿把吉他来点燃我的激情，我怎么能有激情，没吉他我就不说话……”

“我叫乙坤，我是半醒的诗人。”

视频点击量相当惊人，致力于音乐的乙坤没有料到自己还意外贡献了一出喜剧。

可是他自己看完只是咧了咧嘴巴说：“他们为什么会那么笑？好吧，他们说的对，我看我还是做音乐比较合适。”

7

少年不惧岁月长，历尽千帆铸荣光。

这是一条不为人知的孤独之路，冷冽而布满委屈。然而，一腔孤勇终究锻造了一颗强大的心，从前的自卑、自闭在奔跑的路上都痊愈，年少的梦从未褪色，你一直在奔赴自己的征程，一直在岁月里从容前行。

我想起那句歌词：“若有一天我不复勇往，能否坚持走完这一场，踏遍万水千山总有一地故乡。”并不是所有人都能找到故乡，然而，乙坤，音乐早已成为你的灵魂之乡。

你已经成为你注定要成为的那个人。

人生总有些惊心动魄的失去

1

我该如何来形容。

我不知如何来形容此刻的心情。

一枚小而精致的大红喜帖卧在桌上，安静却庄严地宣告泽西表哥新生活的到来。

泽西表哥终于回归。

从 2011 年到 2017 年，长达六年的时间里，泽西表哥一直生活在梦魇里。

这六年里，全世界发生了翻天覆地的变化，可是泽西的世界里千山暮雪、万仞冰峰，不曾有一丝生机和春意。

然而，从前泽西表哥是那么富有朝气的一个人。

命运似乎打定主意给他的人生立下一个醒目的标牌。2011年之前，所有的幸运、快乐、幸福都慷慨地赠予他，而2011年之后，一切化为海市蜃楼，他只剩下空虚、痛苦和无望。

这实在是有些残忍。

2

曾经的泽西表哥便是现实版的偶像剧里的翩翩少年，丰神俊逸，才华横溢，仅仅一个无意间的动作、一个不经意的背影便会让女孩子一见倾心。不论走到哪里，都会引来女孩子的关注。如果不是高中时代禁止早恋，他恐怕每天都要被淹没在表白信的汪洋之中。爱慕他的女孩子太多，让人眼花缭乱，怎奈学业紧张，前程要紧，泽西表哥洁身自好，对莺莺燕燕并没有过多关注。

可是泽西表哥虽不食人间烟火，他的故事却没能摆脱“同桌的你”的魔咒，无一例外地落入了俗套剧情。高三毕业，同桌任栀莹送给他一本日记，每页纸上都写着他的名字。她的眼睛清清朗朗地对他说——我喜欢你。

可是泽西表哥是高冷“学霸”，爱上高冷“学霸”是件很麻烦的事。

他总是若即若离，他总是忽冷忽热，他总是像雾像雨又像风。

大学四年，任栀莹爱得很辛苦。她考上的大学在城南，泽西的大学在城北，每到周末都是任栀莹坐上一个小时的无轨电车一大早来到泽西的床头，给他带来热气腾腾的早点，叫他起床，帮他叠被子，整理床铺，然后抱着他的脏衣服去洗衣房。

同宿舍的人都羡慕泽西有个好女友，泽西却只是一笑而过，说着言不由衷的话——你喜欢她？那送给你好了，免得她总像个尾巴粘着我。当然，任栀莹冲他吹胡子瞪眼睛，却拿他毫无办法。

谁叫她爱他比他爱她要多得多呢？

泽西是个吝啬鬼，确切地说实在是太懒，大学四年间送给任栀莹的礼物寥寥无几，除了情人节人云亦云象征性地买一束玫瑰、一小盒巧克力之外，平常很少想得起来给她买点儿小礼物。抑或是他不屑于做这样的小事，更不屑于像很多男生那样，去履行所谓的呵护和关照，因为他们两个人似乎更多的是角色倒过来，是任栀莹迁就和照顾他。任栀莹是那么妥帖的一个女孩，感冒生病自己知道买药，天冷知道早早备好厚衣，连他偶尔喝啤酒过敏都给备好了息斯敏，所以他从来都不必多操心。

大学毕业的时候，泽西想实现自己的宏伟抱负，奔赴北京的世界500强企业。任栀莹几天几夜没睡，再三踌躇之后央求他留下来，因为她去不成北京，她妈妈一个人带她长大，她不能丢下妈妈一个人。泽西没答应，义无反顾去了北京。

任栀莹很多天没有给泽西打电话，这是从未有过的事。

泽西很恼火，好男儿志在四方，女生头发长见识短，怎么就不能理解呢？居然还闹情绪？

第二年泽西过生日的时候，任栀莹特意来给泽西隆重庆祝了一番。之后，她问他："泽西，你还从来没说过，你是不是爱我？"

泽西喝得有点多，不屑地笑，女人就是俗，那三个字就代表一切了？

他醉倒在桌上，醒来任栀莹已经不见了踪影。

后来不久，任栀莹打来电话说："我们分手吧，泽西。"

泽西恼火地说："为什么？就因为那三个字我没说？你简直不可理喻。"他摔了手机，也摔碎了任栀莹的爱情。

很快，听同学说，任栀莹订婚了，和一个富商。

可是再后来，听说任栀莹一个人去了马来西亚旅行，却再也没有回来。

她遇到了海啸，她的人连同所有的记忆都被淹没在那场惊涛骇浪中，再也没能出来。

3

泽西差点儿疯了。

他觉得这一定是上天给他的最大惩罚。

他觉得是他亲手推她上了断头台。

他还没有来得及对任栀莹说我爱你，还没来得及对她说：“我一直深爱着你，我不能没有你。”

后来，泽西得了抑郁症，每年秋天都要去一次马来西亚，去栀莹去过的地方，认真地走每一段路，看每一株树，似乎她就在某个隐秘的地方等他。

他用自己的方式祭奠自己深爱的人，那个还不知道他的爱便匆匆离去的人。

他一直活在深深的忏悔之中，不能自拔。他的心已死去，世界已荒芜，四季更迭、斗转星移从此与他并无半点儿关系。泽西有两年的时间频繁看心理医生，病情才渐渐有了一些缓解。

直到 2017 年的盛夏。

这个盛夏和平常没有什么不同，高温炙热没有给泽西带来多一丝的焦灼，树木成荫也不曾给泽西的心以任何阴凉庇护。

只是，他的世界凭空闯进来一个叫祁小暖的女生。

未见其人先闻其声，祁小暖快人快语、笑声朗朗，想不注意都很难。这是个外表风姿绰约，实则内心强大的女汉子。

第一次狭路相逢是在新年夜公司的篝火晚会上。大家都在举杯狂饮，只有泽西郁郁落单。临时搭建的舞台上副总笑吟吟地看向这边，邀请一位男士上台用日语演唱他最喜欢的《北国之春》。几个人不约而同地看向泽西，因为泽西不仅有一副好嗓子，还会说一口标准的日语。每到节日通常都是泽西情绪最低落的时候，此刻，他又径自将自己隔离于喧嚣之外，唱歌根本没兴趣，同事们了然地收回目光。可是他却听到旁边不远传来的耳语。

是两个女生在谈论他，大概其中一个在告诉另一个，他是怎样一个怪人。只见那个红裙子女生盯着他看了几秒钟后，嗤之以鼻地说："我最瞧不起窝囊的男人。"

因为"窝囊"这两个字，泽西腾地抡起了拳头走过来，要不是看见她飘逸的长发，想起她的性别为女，保不齐泽西会揍扁她。

祁小暖忽然就看着他笑了。那明媚的笑容让人感觉，如果周遭不跟着明媚起来，实在是毫无道理。

"这酒很好喝，给！"祁小暖兀自递给他一杯扎啤。他有些恍然，我们，之前很熟吗？可是，前一秒明明她还在说他的坏话，此刻她就已经对他很友好，这个姑娘真是好奇怪。

她一边大口嚼着烤好的兔子肉，一边豪放地喝扎啤，时不时还跟旁边的姑娘碰杯。他斜睨着她，心想她不如剃个板寸，那一头乌黑长发长在她头上真是暴殄天物。瞧这副当家做主的样子，这一定是个被宠坏了的姑娘。

可是后来泽西才知道，祁小暖是从山里走出来的孩子，爸爸到南方打工不幸遭遇车祸身亡，妈妈靠给别人做手工供养她们姐弟读书。最骄傲的是小暖不负所望，终于走出大山，考上名牌大学，并且步入大都市。

所以，对小暖来说，无论现在生活如何，无论将来境遇怎样，比之从前，都如进天堂。她从不自怨自艾，总是对生活、对人生充满希望。

泽西的心莫名有了小小的震撼和感动。

不知从何时开始，他发现祁小暖努力和认真的样子是那么可爱。她一丝不苟，不骄不躁，不怕失败，从不气馁。

他喜欢上了她的长发如瀑，喜欢上了她的丸子头，更喜欢上她俏丽的长辫子。当然，还有她拿着雪糕棒捶他胸口，对他发号施令，丝毫不害怕融化的雪糕会弄脏了他的上衣。

泽西觉得不可思议。

冰封了六年的心似乎在融化。可是他不知该如何面对自己的变化。

泽西还是幸运的。因为，老天给了他答案。

祁小暖生日那天，她在众目睽睽之下笑嘻嘻地说："我希望，今年，泽西能告诉我说他爱上了我。"

在喧嚣之外，泽西听见自己心中的城池轰然坍塌。

那海啸巨浪裹挟着过往，裹挟着栀莹翻卷而来，泽西急转身冲向门口，夺路而逃。他一路狂奔，到了海边停住脚步，大口喘息。烟波浩渺，海潮翻腾，远方有海鸥飞翔。浪花浸湿他的脚踝，也同样浸润了他干涸的心。

海风掀起他的衣角，他仿佛又看见栀莹的笑容。她仿佛对他说："泽西，你不要再辜负另一个女孩了，人生总是会有遗憾，就不要再多一份遗憾了吧！为什么你总是不敢坦然面对自己的内心呢？其实你只是个懦夫，永远只是个懦夫！"

良久，他突然领悟，蓦地转身，又向回跑去。他拦了辆出租车，十分钟后便站在祁小暖面前。

众人惊愕之余，他说："小暖，我今天就要告诉你，我爱上你了。可是你知道，我已经万劫不复，你愿意拯救我于万丈深渊吗？"

"我愿意呀！我打个飞的就把你救出来啦！"小暖深情地说。

4

小暖的微信——

人人都有自己的彼岸，却不是所有人都能到达彼岸。每个人都需要被救赎，却不是所有人都能得到救赎。最终的救赎不是来自他人，而是来自自身。这世上就是有些不可抗力会影响人的整个人生。这世上很多事都是无解。到达彼岸，获得救赎都是一个漫长的过程，所有人，无一不是带着满身的伤疤和创痛，而人能做的，不过是在岁月的漫长洗礼中变得坚强一点，阳光一点。我愿意在漫长的岁月里，与你同行。

泽西的微信——

我该如何感谢你，小暖，是你教会我，不惧未来，不怕失去。而我再也不想，再也不能失去。自此之后，穿越岁月山河，乘挪亚方舟，重新出发。

我的努力，谢绝观赏

1

唐栗这辈子都不想开车。她宁愿去坐地铁，去挤公交，甚至步行，也不愿意开车。自己不开，请私人司机更是不能。

因为开车这件事一直是她的心结。

从出生懂事认识这个世界开始，她就知道，私人司机是个很卑微的存在。她爸爸就是别人家的私人司机，一直是给一个洪姓的富商开车。

在唐栗的记忆里，爸爸发工资是家里最大的事。每个月初，爸爸都能拿回厚厚一沓钞票，霸气地甩在茶几上，冲妈妈说，数一数。妈妈于是放下手中做的任何事，擦擦湿漉漉的手，喜滋滋地去查验那些钞票。每次多了几张就会兴奋，少了几张又会嗔怒地嘀咕几句。然后会斟酌又斟酌地抽出几张给爸爸塞到口袋里，其余的都会小心翼翼地拿走，锁在保险柜里。

而这些钱都是来自洪家，所以唐栗从小便对这个洪老板从心底有着不可言说的崇敬和畏惧。他总是戴着黑框眼镜，木讷地坐在副驾驶位上，或翻报纸，或闭目养神，听着音乐。对车窗外的世界不理不睬，是个威严的存在。

唐栗记事起就看见爸爸开着那辆豪车一路疾驰，非常拉风，当然那车上还有个小孩，年纪跟唐栗一般大，是洪老板的小公子。爸爸经常送洪公子去上学，走在路上的唐栗每天都看见豪车从身旁经过，经过的时候车子速度会慢下来。爸爸用余光瞟向后视镜，嘴角下意识地抿一下，之后车又疾驰而去。唐栗总是看着那豪车消失的方向发一会儿呆，然后继续走路。

本来爸爸给别人开车也是没什么的，可是偏偏洪公子是唐栗的同学，她是不想让大家知道他们之间这层关系的，所以她对洪公子总是很疏离。每当放学的时候，爸爸已经开着车停在校门外等洪公子，而唐栗每天都要磨蹭好一会儿，尽量等到爸爸开车载着洪公子远去了才背着沉重的书包走出校园，走半站地去坐公交车。

唐栗每天放学都要去菜市场，因为妈妈在菜市场卖蔬菜。等到菜市场晚上关门，她们才会回家，唐栗才能开始写作业。而爸爸作为私人司机是没什么自由的，晚上回来时唐栗经常都已经睡着了。可是从小就没什么学习环境的唐栗成绩却一直很好，在班级排名从未跳出过前三，洪公子的排名却是在二十名以外。所以，其实唐栗在心里是很瞧不起洪公子的，不明白他为什么拥有那么好的家庭环境却考不出好成绩。

平静的生活在唐栗高二那年发生了剧变。某天她回家，正巧撞见她爸爸打了她妈妈，之后他爸爸捂着脑袋颓然坐在地上哭，而她妈妈换上漂亮衣服就走出了家门。第二天，他们离婚了，随之而来的是爸爸不再给洪老板开车了，洪家又有了新的私人司机，而车后座上多了一个漂亮女人，是唐栗的妈妈。

唐栗不明白，妈妈怎么就成了洪太太，就成了她讨厌至极的那个洪公子的妈妈，而不再要她了。

那时候起，唐栗懂得了什么叫恨，什么叫耻辱。

2

因为极度缺乏安全感，唐栗更加努力地学习，她需要老师的赞许和同学们的认可，才能证明自己是个很重要的存在。可是后来她渐渐发现，好学生会被认为是高冷动物，是会被朋友们疏离，她于是懂得要“跟上潮流”。

她和好朋友一起去街边的小店打耳洞，各式耳钉、耳圈、耳线粉墨登场，她的人生也开始标新立异。她和朋友们逃课去旅行，几天没有踪影，害得她爸爸报警；她背着吉他跟朋友们在傍晚的露天广场唱歌，她向世界证明了她的才华横溢，她成功地成了朋友圈里不可或缺的灵魂人物。可是无数个夜里她会哭醒，一个人的时候，她会讨厌自己。唐栗后来就不再过生日了，因为过生日会让她想起那个漂亮的妈妈。

唐栗的爸爸不久找到了新的工作，还是给别人做私人司机。新的东家姓顾，顾家也有个公子，比唐栗大两岁。顾老板不像洪老板那样高高在上、不食人间烟火的样子，相反，顾老板很亲民，别人送来的礼品用不完、吃不掉的，都会让唐栗爸爸给唐栗带一些回去，还邀请唐栗去顾宅玩。可是唐栗一次都没去过，她每一个发丝都还记得曾经。

唐栗没有如大家预料的那样考上北大，因发挥失常，她考上的是上海的一所名校。很巧，顾少爷也在这个学校，已经在读大三。唐栗入学后参加了学生会，得知学生会主席顾少鹏就是顾家少爷之后，处处躲着他，可是未料顾少爷在某个月朗星稀之夜来找她表白。顾少爷以前见过唐栗，车子一闪而过，那女孩漂亮的大眼睛忽闪忽闪，高高的马尾随着脚步一摇一摆，摇得他心乱了。

可是唐栗的心底存着敌意，对他说：“顾少爷，我就不陪您玩了，您还是找别人去玩吧！”

顾少爷恼了：“我怎么就是玩呢？我是认真的啊！”

唐栗嘴角翘起好看的弧度，小小年纪，那笑容却悲凉宛如已经看破红尘。

3

唐栗的妈妈在她入学一周后来看她。唐栗正在军训，她妈妈远远地看见身穿迷彩服的女儿，眼泪瞬间就落下来。她转身去了唐栗的宿舍，给唐栗铺上新带来的被褥，便悄悄地离开了。之后唐栗时常收到快递送来的各种东西，小到漂亮的发夹，大到手机、电脑。

唐栗的妈妈最后一次来校园，是一个阴冷的冬日。

冷气缠着湿气把整个人包裹，让人无处遁形。唐栗吃过饭从食堂出来，便看到不远处站着的俏丽身影。

忽然一阵冷风起，唐栗的妈妈打了个哆嗦，便立刻脱下大衣给唐栗披上，一边还说：“这么大了，怎么不知道照顾自己。”

唐栗不想有感知，可是却瞒不住自己，她分明感受到了来自大衣的温暖，不，是来自这个漂亮女人的炙热。她想拒绝这样的感受，因为已经习惯了寒冷。自始至终，她没有喊一句妈妈。她的妈妈早就死了。

半月后，唐栗接到了爸爸电话，爸爸说："你妈妈患乳腺癌晚期，已经时日不多了，不论如何她是你妈妈，唐栗你有时间去看看她吧！"

唐栗觉得心里很平静，可是为什么眼泪汹涌地流下来。

唐栗去了医院，第一次发现卧在病床上的她，此刻的脸比床单还要惨白。从前的明艳不见了，代之的是萎靡和颓然。

"妈妈对不起你，唐栗，妈妈不奢求你原谅，只希望你能幸福快乐。"她惨淡地笑着说。

唐栗终于抱紧她，叫了声："妈妈。"

4

唐栗从此变得更加缄默，小小的身影长久地隐没在图书馆、资料室。2013年，唐栗以傲人的成绩被保送读研。读研期间，她在学业之余还选修了几门其他学科的课程，一边自己学习视频剪辑，一边开始兼职为广告公司写文案，从开始只能赚到很少的报酬到三年后拥有稳定的收入。硕士毕业，同学们找工作四处无门、焦头烂额，唐栗已经被广告公司邀请成为执行策划。

在母亲去世第十年的2018年，唐栗已经是国内知名文化公司《女人志》的总策划，她却仍然没有买车。她只是给爸爸买了一辆车，并且为他配了一个专职司机。

“我自己会开，干吗配司机？”爸爸在电话里嬉笑着说。

“爸爸，你年纪大了，自己开车我不放心。”她说。

“唐栗，你怎么每天还在挤地铁呀？这么辛苦，公司给你派的专车怎么不用？”大家都问。

“不了，我喜欢坐地铁。”她总是莞尔一笑说。

2019年春节前夕，唐栗在同学聚会上遇见了几年没见的顾公子。顾公子喝得有点儿多，端着酒杯坐到唐栗旁边来，当着一众同学的面问唐栗：“唐栗，这么多年都没有人能走进我心里，所有人都知道我爱你，我一直不明白，为什么你一直拒绝我？我哪里做错了？”

“不是你的错。你是个很值得爱的人。如果你不是叫顾少鹏，我一定会爱上你。”唐栗悠悠地说。

“唐栗，还记恨你妈妈吗？”爸爸在电话里小心翼翼地问。

“怎么会？我爱她还来不及。”爸爸当然不知道，在手机这端的唐栗已经泪水决堤。

5

我努力奔跑，我努力生长，努力变得特立独行，努力变成各种样子，不论我努力变成哪种样子，都是在证明：我很优秀，我没有比任何人逊色。我的委屈从不曾和任何人提起，我的努力也不曾向任何人祈求怜惜。倔强和坚持会陪我一路到底。有你的爱，我将所向披靡。

有些创痛会成为永久的疤痕，立在心底，成为丰碑，更成为灯塔，照耀前行，警醒人生。

没有凛冽，何以成长。越过戈壁险滩漫漫长夜，回望风霜雨雪云起花落，时光会记得，我骄傲的模样。

我叫唐栗。世间最甜的那颗栗子，我是唯一。

纵然满目荆棘，我也敢如履平地

1

盛夏假期旅行，我如约来到江南 × 市，见到了久违的莉莉安，在她的公寓。

这是一座年代久远的公寓，墙体有些斑驳的脱落，逼仄的楼梯让人怀疑走错了路。可是并不宽敞的房间却通透明亮，窗口漂亮的格子纱帘被风吹起，平添许多雅致的浪漫。整整一面墙都是书柜，一张大床，一个电脑桌椅，一个小沙发和挂在墙上的一台电视。

我很难将这样简陋的公寓与“知名网络主播”这样的称谓联系起来。

“莉莉安，你有多低调，居然还一直住在这样的公寓？”

“其实我很感激这间公寓，因为它对我有特别的意义。”

“我的爱情故事啊，说起来实在像电影《小时代》，也是分成那样几个桥段，一点儿不差。哈哈。”她总是絮絮叨叨地跟人说。

可是只有我知道，她修改了结尾。

“你说，你见过那么傻的人吗？为了给我买那 80 万的求婚戒指，他居然偷偷挪用了父母的存款，没料到在求婚现场就被闯进来的父母一顿胖揍，哈哈，我当然拒绝了他的求婚。然后，那就没有然后了，哈哈。”

每次，听她故事的人都会捧腹大笑，只有我默默低头不语。她自己都能笑出眼泪来。

“太逗了。”听的人说。

她擦一把眼泪说：“我也觉得简直太搞笑。”

可是，她心里已经泪水泛滥。

2

大学毕业以前的莉莉安非常幸运。天资聪颖，明眸善睐，举止优雅，但凡夸赞女孩子的词用在她身上都不为过。她从小到大都是优等生，一直保持着好成绩，一路保送进了重点大学。一入大学便被自己喜欢的男生追，两个人恋爱，一起加入社团，相约毕业就订婚，永远不分离。

一切看起来都是那么完美，莉莉安的成长似乎就是一面哈哈镜，映射出其他同学成长的失败和平庸。

可是，似乎在大学毕业前，莉莉安已经将幸运透支完了，18 岁大学毕业这一年成为她人生的重要分水岭，她的运气急转直下，好运离她而去。

莉莉安学的是德语专业，虽然这个专业的就业率已经逐年下降，不再如从前火热，却无论如何也想不到，到了她毕业这一年，已经饱和到无法想象的地步。斟酌许久，莉莉安去了大连一家国际旅行社，虽然薪水不算高，毕竟遍览山川河流也是人生一大收获。而这时候，男友孙浩已经考取了北京一所大学的研究生。莉莉安的旅行社在城的最南面，所以每次旅行团的行程开始一定是从南向北。莉莉安想，这样每天不停地向北，大概就能离孙浩更近一点儿。可是她忘记了，每次旅行回程的时候，她都是由北向南，和孙浩的方向背道而驰。

起初当导游莉莉安还满腹热情，可以“会当凌绝顶，一览众山小”，外国人一边听她绘声绘色地讲解，一边竖起拇指不住赞叹中国文化的博大精深。每当这时候，莉莉安便会从心底深处油然而生一种民族自豪感，毫不夸大，那一刻会有一种作为炎黄子孙无可比拟的骄傲。

可是莉莉安渐渐意识到，这份工作并不能让她遍览祖国大好河山，因为旅游团通常游览的是相同的地方和路线，而她每天讲解的内容也不会有太多变化。不论严寒酷暑，每天奔波劳累，工作也不过是机械地重复，而这不是她所想象的生活。

孙浩的消息越来越少，有时候手机会打不通，微信也要很晚才回复。假期总是忙着做实验，忙着写论文，忙着帮导师加班，总是很忙，忙到没有时间来看她。

转眼三年后，又到了盛夏毕业季，孙浩突然打电话来说，导师已为他争取到广东某社科院的名额，他将在广东工作三年。莉莉安没有去送孙浩，她已经预知了结局。

那时候正在上演《中国合伙人》，莉莉安坐在电影院里，看见苏梅在华尔街给成东青打电话说："成东青，我们分手吧！"她当时就泪流满面。她想起孙浩最近在微博上设置了唯一一个特别关注，是他导师的女儿——他的师妹焦晓阳，而不是她莉莉安。想起前些天她的同桌跟她说，听说这次去广东的不止孙浩一个人，还有焦晓阳。

她不要做成东青，第二天她就给孙浩打了电话说："孙浩，我们分手吧！"

3

"我走了，我要离开这里。"莉莉安没过几天发了微信给我。

“既然背道而驰，那么就更远一点儿吧。那里有我喜欢的电视台，一直以来我都希望能做个主播。”她说。

“好的，莉莉安，加油！”我说。

她辞掉了旅行社的工作，带着不多的钱，背着父母，去了江南 × 市。她准备长期备战，所以要节省开销。她自己不敢独住，和别人合租了不到二十平方米的民房，四壁还有蜘蛛网。终于等到招聘会的那天，她拿着求职简历直奔电视台的招聘位置，递上简历，登记报名。招聘老师一看她的专业是德语，不是新闻学，立即让她换了一张表：“非专业的在这里登记。”这赤裸裸的专业歧视，莉莉安只能苦笑。

两周之后等到了面试通知，莉莉安自信以自己多年的演讲实力能够顺利过关。面试那天，等了几乎一天，才在傍晚的时候听到念自己的名字。考官们似乎对她很感兴趣，提出的问题莉莉安对答如流，有个主管还频频点头，在她的名字上画了重点号。

一路雀跃回到公寓，她的心里期待又忐忑，可是半个月后电视台网站公布了通过面试的人员名单，那上边没有莉莉安。

已近深秋，那天的天气还在傍晚很应景地下起雨来。从淅淅沥沥的小雨突然就变成了雷阵雨。莉莉安从超市出来的时候，暴雨滂沱，很多人因为没有带伞在路旁屋檐下避雨。城市的下水道疏通不畅，马路上的积水已经很深。

莉莉安踩着快到脚踝的积水，义无反顾地跑进暴雨里。因为，在这漆黑的雨夜，整座城市没有一个可以给她送伞的人，只有那个破旧的小屋可以让她栖息，眼泪顺着暴雨奔腾而泻。

我恰好看见微博上有关于她的城市下暴雨的消息，于是发了消息给她。

“莉莉安，我看到了新闻，你那边下了暴雨，很多房子都受到了侵袭，你还好吧？”我说。

“小葵姐，你知道我很想念你。”她回复说。

“我也很想念你，莉莉安，你怎么样？”我说。

“我这边是下雨了。很大很大的雨。”她说。

“你淋了雨吗？”我说。

“我觉得我成了一座孤岛。”她沉默了好久才发过来。

“很抱歉，莉莉安，我多想现在在你身边。”我说。

“没事，不用担心，我挺好的。”她说。

可是我知道，她的状况并不好。可是我也未曾料到，会有那么糟糕。

那一晚，她病了，发着烧躺在床上想念起大学时候听过的广播。她打开手机，调到从前的广播节目，当听到主持人说“我是小染，你还好吗”，她立刻便又哭了，虽然这不是给她一个人的问候。

突然莉莉安就不哭了，她突然有了一个想法，既然电视台的主播做不成，那么可以做一个自己电台的主播。她一下觉得自己的病消失无踪，爬起来打开电脑文档写下只言片语，写下她的初步构想。那个凌晨，她在网易云音乐上注册申请了一个电台号码——“心的旅行”。

第二天早上雨还在下，莉莉安爬起来点开云音乐，便看到私信。两个刚大学毕业不久的男生正在组建一个电台，急需主播。莉莉安按照上边留下的联络方式和他们取得了联系，巧的是，他们在一个城市。

于是，莉莉安在这座孤独的城市终于找到了梦工厂。梦工厂之初只有他们三人，莉莉安，左达和姜新。从主播到策划，再到录制和编辑制作，甚至宣传推广，三个人都是身兼多职，担任不同角色。虽然辛苦，却充满乐趣。从起初的无人问津到渐渐得到大众认可，这其中的艰难和坚持无人知晓。电台渐渐做出了自己的特色，他们的节目在荔枝电台、喜马拉雅电台成为热点频道。莉莉安成为越来越多年轻人的偶像，她的微博关注人数已经超过 15 万。

4

我和莉莉安还在怀旧，楼下响起汽车喇叭滴滴声，随即她的手机响起。她急忙拿起手机跑到窗口，一边向下望一边接通手机。

“亲爱的，快点儿下来，今天我们去选婚纱！”楼下传来一个浑厚的男声。

莉莉安不好意思地看看我笑了，对着手机说：“改个时间吧，我有重要客人。”

我立刻说：“天底下没有比选婚纱更重要的事了，快去吧！”

“他是左达。”莉莉安微笑说。

“我是不是应该采访一下你，到底是怎样的勇气让你成为今天的你？”我笑着说。

“我能想到的就是，当你身遭厄运、深陷绝地，呐喊呼救毫无意义。我一直记得那个漆黑的雨夜，所有不可一世的骄傲，被击得落花流水。我有过头破血流的痛楚，有过声嘶力竭的呐喊，可是在崩溃的边缘，能救赎我的只有我自己。”

你没能成功抵达，因为你一直囿于舒适区

亲爱的阮小姐，今日醒来看见手机上的时间显示才猛然发现，七月已经到来，来得那么猝不及防。春天已经落幕一百多天，究竟夏天是在一个夜里到来的还是在一个晨曦到来的，我并没有察觉。悄然间盛夏已经过半，这一年又已经过去了半程了。

我拿起桌上的日历翻了翻，上边什么都没有，并没有备注今天的事项。可是我却觉得今天仍有许多重要的事项要去做，那就从给你写这封邮件开始吧！

此刻我坐在一个视野开阔的小亭子里给你写信，日光正好。七月的花开得正盛，是属于七月的花，不是属于五月、六月，也不是属于八月、九月和十月。每个季节都有自己独特的花，我忽然想起张爱玲

的那句话，没有早一步，没有晚一步，就在这个时候，遇见了这些花，然后说一句，哦，原来你也在这里！是的，这世间万物和人类一样，能够恰逢其时地遇见，实在是一种幸运。如果你错过了五月、六月的花，那么不要再错过七月的花。也不要总是寄望于八月、九月和十月，因为或许未来的花你并不会钟情。

1

非常开心你能将困扰说给我听。

我完全能够想象出五年前你和兰笙大学毕业后相约来北京的那一幕。从踏上火车远离家乡的那一刻起，你们曾挥手对渐行渐远的家乡告别，因为自此再也回不去；你们也曾望着越来越近的首都大声说——北京，我来了！你们都曾在心里为自己的未来描画了一个色彩斑斓的图景，可是你们还不知道等待你们的是漫长的冬季。

你们都拥有很好的家世，你的爸爸，作为一个成功商人，九曲十八弯地托人照顾，最后被一家大型国企录用，并且就职于人事部门。兰笙的爸爸是某高校知名教授，同时也是北大的客座教授，每年都会到北大讲学。可是兰笙的爸爸没有动静，兰笙应聘去了北京一家外资企业，从最基础的部门做起。

你们在家里都是父母的宠儿，衣食无忧，可是到了北京却步步维艰。你们合租了一个公寓，公寓离你的公司要近一些，只需要步行十几分钟，离兰笙的单位很远，她要坐一个小时的地铁。所以，每天当你刚懒洋洋地起床，兰笙已经迎着晨光在呼啸的地铁上，而当你已经吃过晚饭，兰笙才一身疲惫地回到公寓。

你经常煲电话粥，忙着跟同事、同学诉苦：住宿条件不好；公司新人不好混；主管是个年纪不小的“灭绝师太”，见到你这如小龙女一般玲珑的女孩恨不得一脚踹出去，生怕自己的强势被你无敌的青春优势比下去。兰笙却很少诉苦，很多时候都是在电脑前忙，经常敲键盘到深夜，你警告兰笙严重影响了你的睡眠。兰笙说：“好吧好吧，等我攒够了钱买一台新的笔记本吧，这个电脑太旧了，主机的风箱噪音实在太大了。”

北京的气候干燥而多风，你们来自南方，刚来你就开始水土不服，原本俊俏的脸上开始长痘，这让你非常恐慌。每天早上睁开眼，你便立刻从床上跳下来，匆忙跑到镜子前，然后就会发出一声惨叫：“啊！又多了痘痘！我不活了！”因为你刚刚喜欢上一位英俊潇洒的男上司，这副尊容如何去见人？你为伊消得人憔悴，你会整整一上午如坐针毡，主管布置的任务根本无心去做。好不容易挨到中午，第一个跑出公司大门，找到最近的美容院去做祛痘清理。可是，刚祛痘之后的皮肤因为受到轻微损伤也会泛红，所以，下午只能是顶着一张红红的脸庞去上班，你的心里一万个不痛快。

水土不服没有改善，你的祛痘工程明显是个旷日持久的战役，原本微薄的薪水更加入不敷出，后来你已经分担不了房租，基本上都是兰笙一个人付房租。除夕前夕，公司要配合一个大的上市公司做宣传，临时通知要全体加班，可是你已经订了回老家的机票。改签是不可能的，因为年关将近，一票难求。那就意味着，你将不能回家过年。你回到公寓就哭了，已经离开家大半年了，家里和这里的环境简直是天壤之别，这里生活困顿，工作压力大，孤独又寂寞，更重要的是，水土不服，满脸长痘。这一切对爱美的你来说真是崩溃。

可是还有更崩溃的，年终公司对每个职员有份测评。测评由两部分组成，一部分是领导层打分，另一部分是同事打分。你的这两项打分都刚刚及格，所以，来年你将没有升迁机会。

兰笙也因为要加班没有回家过年，不过她是自己申请的。她觉得自己的工作还有改进之处，希望趁着放假能有多点儿时间完成得更好。

你在加班结束之后，给你的父母打电话说想回去了，你觉得这里不适合你，你也不喜欢这里，北京没什么好的。你的妈妈想了想说，那就回来吧，别在那受罪了。于是你回了家乡。

兰笙洒泪送别你之后依然在北京坚持，半年后，因为出色的工作业绩和宽容的品质开始渐渐得到重用，两年之后，兰笙成为了公共关系部总监。

你回老家后一直忙着相亲，有一天突然想跟兰笙门交流，你在QQ上点开她的个人空间，入目的是一张温馨的合影。男士阳光又稳重，臂弯里是俏丽的兰笙，她的笑容璀璨得晃眼……

你突然想起毕业那年两个人去北京打拼前的热血豪情，你们半醉着喝掉了手中的半罐啤酒，在学校的阳台上大声许诺："北京，I jump，I jump。"毫无预兆地，你涕泗纵横。

兰笙一直记得当初自己的许诺——要成为国家一级策划，她每一天、每一分钟都在努力去兑现自己的承诺。

2

你跟我谈到了你的爱情。

离开北京的那一年，你在老家遇到了心仪的人——陈先生，你们很快坠入爱河。可是意外的是，陈先生很快就被派到遥远的东北分部工作，你们开始了异地恋。异地恋在你的心里乃洪水猛兽，为见一次面要跋山涉水，要长久等待，要度过那么多难挨的日日夜夜。你觉得奔跑在路上的爱情不堪一击，你觉得要坚守这样一份看不到未来的感情实在是太难了。陈先生不远千里乘飞机、坐火车回来见你，你每次都要问他："你能给我什么呢？我需要一个能时刻在身边陪伴我的人啊，我病了、我累了、我不开心了都有人呵护我，而你，能给我什么呵护呢？"

陈先生黯然神伤："没错，我现在的确给不了你很多，可是我很爱你。我相信将来会好的。"

"你不觉得这个爱字很苍白吗？将来是什么时候？"

陈先生懂了。你们很默契地没有再联系，连一句再见都没有说，就这样失散在天涯。

可是你万万没有想到，一年后，陈先生被调回公司总部，回了北京，并被升职成为公司总监。你觉得自己似乎还可以继续喜欢他，遗憾的是，他的身旁已经有了佳人。这位佳人你并不陌生，是你的同事恩熙，他们也一直在异地。

你这才想起恩熙的微信朋友圈，她往日晒的票根，原来记载的都是去看陈先生的过往。真可谓甲之砒霜，乙之蜜糖。你弃如敝屣的，她觉得非常珍贵。

你对我伤感地说，其实如果当时你勇敢一点儿，赌一把，异地恋坚持下来，陈先生现在应该是你的丈夫了。遗憾的是，他就要成为别人的新郎。

3

我常常能够感受到时间流逝的汹涌，如海浪，如潮汐，拍打着脚下的礁石，提醒我夕阳向晚，提醒我岁月匆匆。

在每一年的年初，我们都会做新年计划，在每一段时期，我们都会设定个清单。照例地，在 2019 年新年到来的时候，我在微博上看见无数人写下新年计划，立了新的壮志。而今，时光倏然而逝，转瞬到了七月，那些新年计划，那些人生清单，我们都完成了多少呢？

年少的时候，我们都曾勇于喊出豪言壮语，信誓旦旦，可是很多目标真正落实起来，其中的阻碍和艰难往往非彼时所能预料。于是往往会出现计划被打折、被取消，终于在年终的时候慨叹一声，心有余而力不足，实在情非得已。

近几年国内有很多圆梦节目，追梦人站在舞台上说出自己的梦想，舞台后边有一扇梦想之门。追梦人和梦想只有一门之隔。梦想之门打开之时，便是梦想实现的时刻。

只有一扇门的距离。

很多时候，就差一点点，再坚持一点点，再努力一点点，你便打开了梦想之门。

假如当初你能如兰笙一样，坚持不懈努力，那么或许你今天能取得比她还要好的成绩。然而你没有，北京的风沙成了阻隔了你与成功之间的那扇门。

假如当时你能如你的同事一样，爱陈先生多一些，相信爱情，不离不弃，那么或许今天你就是陈先生的新娘。然而你没有，异地恋成了阻挡你与成功之间的那扇门。

当然，推开这扇门并不容易。

太多时候，一分努力之后就是天壤之别，一个转身决定一种人生。

成功不曾与你相遇，或许它只在你失望后一个转身的距离。你没能成功抵达，因为你一直囿于舒适区。丈量成功的，只是你的努力有没有达标而已。

你常把那句“请原谅我一生不羁爱自由”挂在嘴边，可是，恐怕这个世界并不打算原谅，所有的美好都要付诸努力而非等候赠予。

君子一言空许诺，却无后来去践行。多少人曾立下豪言壮语，一朝醒来却慨叹梦想遥远。梦想并无过错，是努力不曾跟上节拍。努力到极致，黑夜化黎明。山穷水尽之时，便是柳暗花明之日。

亲爱的阮小姐，冬天和春天已然过去，夏日正盛，七月正当时，一年中最热烈的季节，也承载着最热烈的希望。请珍惜你七月的花朵，为它们洒水施肥，让它们盛放，等待它们结果，陪伴你在 2019 年的后半程。

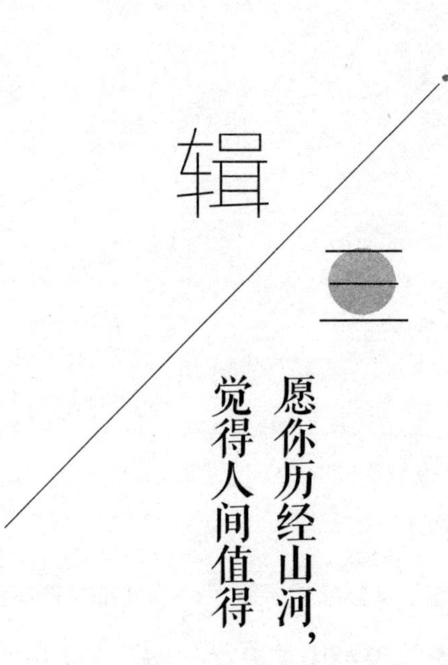

辑三

愿你历经山河，觉得人间值得

愿你历经山河，觉得人间值得

1

亲爱的嫣然：

展信佳。

我这里是繁盛的春天了。到处都是樱花盛开，一片粉色浪漫。这温暖的春日，我想念起浪漫的你来。于是我在上个星期，写了信给你。

我祝福你和你的爱情都好，都顺利。

我还记得你和袁皓是最甜蜜的情侣，我甚至想把你们的相遇写进我的小说里。

我听说你们已经订婚，订婚的仪式我没能参加非常遗憾，但是从你发来的视频里我感受到了你们的幸福和喜悦。视频里满屋子都是粉色花朵和红色气球，袁皓单膝跪地深情款款地望着你，激动地说：“嫣然，我爱了 4 年的嫣然，你愿意嫁给我吗？”

眼前的一切显然让你惊喜，四年多的点点滴滴历历在目，你不由得眼含热泪，你频频点头。“好，我愿意，我愿意。”你说。

袁皓为你戴上钻戒，之后站起身拥吻你。哦，那个吻有点儿长啊，足足一分钟。朋友们都在起哄。然后，他把你抱起。

那一天围绕在你身边的粉红，像极了今天我这里的粉红樱花。那是你们的爱情的颜色，一提起浪漫这个词，我就会想到你和他的订婚仪式。

真是衷心地祝福你呀，于是上个星期我在信中保证，我一定会推掉所有的事情去参加你们的婚礼。

2

几天后我收到了你的回信，你说，真是让我失望了，你和袁皓已成陌路。

剧情很老套，他决定出国留学，和那个倾慕他很久的梦珊一起，不久的将来会留在美国生活。而你，不能离开这里，因为你和妈妈相依为命。

你生长在东南沿海小城，我知道的，从很小的时候起就习惯了台风的袭击。见惯了被风雨洗礼后的破败的茶园，也见惯了被台风摧毁后的断壁残垣。尽管每次都知道台风要来了，但是面对它即将带来的侵害和损失，我们人类还是无能为力。所以，你在很小的年纪就懂得，很多事即便能有所预见，却仍然不能完全躲避。人又能怎么样呢？只能面对吧！

每次台风过后就是修缮，大大小小规模的修缮。永远有台风袭来，永远有台风过后的修缮，因为毕竟，总要恢复正常的生活和秩序。

而你已经恢复正常生活。

你说你换了一个很大的冰箱，之前的冰箱太小，只能装下一点点东西，还是你在集体宿舍的时候马马虎虎凑合的。在一场大侵袭过后，在无数个失眠之夜后，你终于醒悟，你觉得不论遭遇了什么，你都应该认真生活。这认真生活，就从为自己换个冰箱开始吧。你为自己买了一个双门的冰箱。在这炎炎夏日，打开冰箱，凉爽便扑面而来。看着面前排列整齐的西瓜、草莓、荔枝、杧果、酸奶、可乐、红酒，整个焦灼的心便立刻凉爽起来，如潜入深海，变得沉静。

一丝丝幸福便慢慢升腾。

让你感到，生活爱着你，整个世界爱着你。

如此温柔，如此安静地守护着你。

你说你又换了一整套餐具。是你喜欢的那种彩绘的田园风，圆形、椭圆形、四方形、长方形的盘子都有，还有同样花色带盖子的汤碗、小碟子、大小汤勺。你也学会了给自己做早餐和晚餐。你每周会去一两次超市，买回一些食材，认真做菜。你每餐都搭配得很好，真的堪称色香味俱全了。你将自己做的早餐和晚餐晒到网上，居然引来很多由衷的赞叹，让你多了很多乐趣。每餐过后，你会认真清洗餐具，那些餐具上的彩绘，每个线条光洁悦目，让你心里生出许多柔软和幸福。

这便是生活吧，这便是生活的真实吧！虽然你还是一个人，但是每个细节都闪着光，你深深爱上了这种细节。

每天，你都觉得那些幸福的细节在排着队等候着你，漏掉一个都怕它们不高兴。

你觉得，你找到了生活，生活也找到了你。

你甚至觉得你爱上了你自己。

你的失恋就如台风过境，刚刚经过一场浩大的洗礼，你的心经过暴雨风霜，经过闪电雷鸣，经过了南极和北极，刚刚平稳着陆。

已然平静落地。

你说你已回归自己的秩序。

我很欣慰。

3

亲爱的嫣然，原谅我一直忙于工作，对你失恋的事毫不知情。

我深深抱歉。

我知道你刚刚经历了什么。那是一场惊天动地的浩劫。

你们一路走来，让多少人为之羡慕，一度成为我们朋友中的榜样。

不过，我一直觉得，嫣然你是一个坚韧的女孩。

虽然不知道你失恋，但是你换了工作我知道。你和小艾恰好做出了相反的选择，这让我很感叹。

在纸媒前景每况愈下，自媒体公众号强势崛起的今天，时代潮流的变化让人瞠目结舌。没有人能够想到，几年前还红红火火的杂志社，如今已经哀鸿一片。我知道你之前的那家杂志社也被时代的大潮淹没，不得已封刊。

你唯一一次在微信朋友圈崩溃便是那个傍晚，你被辞退了，拿着杂志社刚刚给你的3万元离职补贴，泪流满面。你说你十年的梦想没了，一切都没了。小艾也在哭，你们举杯，“祝贺”自己的梦想破碎。

毫无办法，你们和许多许多的纸媒编辑一样，不得不向自媒体屈服。

你们很快成为同一家自媒体编辑。小艾人很机灵，不久就成为网红编辑，小艾还给许多公司写广告教案培训课，迅速地富足起来，买了车，买了房。显然，她已经成功踏入成功者行列。

可是你，却迟迟找不到方向。自媒体文要时刻关注新闻热点、娱乐热点。你写不下去，觉得与你的理想越来越远。很快，你便辞职，这次是主动辞职。你又重新找了一个很小的杂志社，薪水不高，可是你觉得离理想没那么远。

这便是选择吧！你和小艾不同的人生选择。

对于纸媒的现状，每个纸媒人都是一粒沙，都不得不做出选择。你可以跟随时代潮流，做弄潮儿，像小艾一样，活得机警而现实，通过努力获得自己想要的丰硕的物质生活。

可是如你一般，内心总得有要坚持的东西，在这样的时代，非常艰难。可是我更喜欢你，亲爱的嫣然。

你寂静的内心总是警示你，你要做一个什么样的人，以及你有没有偏离航向。

周围的喧嚣会让你清醒，让你看清风景。最重要的是，你知道自己想成为什么样的人，并一直有勇气和渴望去成为那样的人。

没有人会不喜欢这样的你。

你知道，天已破晓，春日正酣。

加油，亲爱的嫣然！

4

你在来信中对我说，不希望我自责，你失恋的事并没有跟很多人谈起，也没有在微信朋友圈发过什么勉励自己加油之类的话。你觉得没有必要向全世界宣告不幸，你也不希望唤起别人对弱者的同情。我知道的，你这个人不喜欢接受怜悯。

你觉得，爱情是你一个人的事，你愿意和这个世界分享爱情的快乐。而失恋，也是你一个人的事，爱情的悲伤，你就不想听世界上每一个人的解读了。你自己解读就好。

你说你只是需要些时间沉寂下来，整理好自己，再重新出发。

这段路况好与不好，都已经是过去了。你已经站在终点，不会回头望，前面的路还很长，你需要重新攒足力气开始。

你们已经订婚，这是我知道的。还有我不知道的，原来你们已经拍了婚纱照片，结婚的婚纱都已经选好。可是事与愿违，就在那个时候，袁皓突然获得了学院的留学名额，他将以讲师身份出国，一边深造一边教课。梦珊听说以后就很快决定也出国，和他同行。

你希望他能留下来，可是他说，机会太难得了。

无须多言，你懂了。在前程和爱情面前，他还是选择了前程。或者，你所信仰的爱情他早已不再信仰。

于是，他走了。你一个人去婚纱店退订了婚纱，又取了照片，没有发给他。

人家问你："为什么退订？"

你说："我们的婚期推迟了。"

推迟到无期。你心里说。

"你怎么一个人来取婚纱照片？你未婚夫呢？"人家又问。

"他出差了。"你说。

出一个很遥远的差。你心里说。

我惊讶于世事变迁，更感叹情深不寿。

我仿佛看到你在很长一段时间里一个人跋涉在深渊里。你和他从一点点缩短距离到一点点延长距离，喜欢他，像走了十万八千里。此后，要逆风走回十万八千里，没有筋斗云，只有一个人沉潜入海底。水温刺骨，还好，还好，你屏住呼吸，你的心已经死去。

你犹豫又犹豫，将他的名字一点点迁徙，从置顶聊天到取消置顶。从特别关心到朋友，从单独分组到大众分组。每迁移一微米，你们之间就增加一段距离。你有点儿恨这个讯息便捷的时代，你只轻轻一触，就完全改变了你们的关系。小小屏幕隔断，天各一方再无聚力。

没有回天之力。

剩下的，就是戒掉一个喜欢，戒掉一个习惯。你的微信和各种软件都将卸载一段时间。直到台风过境，直到此刻一切已经恢复秩序。

5

我非常遗憾地看到你和他的故事已剧终。当我翻到你信纸的第二页，我惊讶地发现，你新的人生已启程。

就在一个深秋的傍晚，落叶纷飞，大地一片萧瑟，绿色正在褪去，灰色正在袭来。你裹紧风衣走进小区，小跑着快步走进楼门，楼道里已经坏掉很久的声控灯忽明忽暗，楼道破败的窗户被风吹得咣当咣当作响。

你气喘吁吁地跑上 5 楼。左转。停住。拿出钥匙。准备开门。

这一连串动作熟稔得很，所以你目不斜视，丝毫没有料到身后的楼梯上坐着一个人。

“喵呜！”一声猫叫让你瞬间泪流。

正要插进锁孔的一大串钥匙哗啦啦掉落在地上，你慢慢转身，便看到楼梯上坐着的那个人站起来，他的怀里抱着一只猫。

是你的汉森。已经走失了半年的汉森。

你惊喜地喊“汉森”，它已经跃到你的怀里，亲昵地舔着你的衣袖。

“汉森，你跑去哪里了？我好想你呀！”你悲喜交加地抱着它，好一会儿才想起来对面站着的人，正静静地望着这一重逢时刻的人。

“你是？”你说。

“我也算是它的主人，至少半个主人。我是几个月前一个早晨在大学城广场散步的时候发现它的，它当时很饿的样子，我就把手里的香肠给它吃了，然后，我等了一会儿，没人来认领，我就把它抱回家了。就这样啦。这几天才在网上看见你发的寻猫启事帖子，说实话一开始我是不想给你送回来的，不过后来你的帖子打动了我，就给你送回来了。希望还不晚。其实我们还挺近的，只隔了几个小区，相距不到 700 米。”他微笑说。

你才想起你的帖子来，半年前一个午后汉森走失，你到处寻找不见，异常难过。对于你来说，它不仅仅是只宠物猫，更多的是陪伴你好几年的伙伴。于是你在几个网络平台发了寻找汉森的帖子，贴了它的照片。你写帖子的时候泪水涟涟。你连这唯一的伙伴也丢失了，感到空前的孤单和无助。

“我以为永远也见不到我的汉森了。”你喜极而泣，望着他说。

“这不是完璧归赵了？”看着你泪水晶莹，他停顿了好一会儿才说。

“不过，我以后可以来看它吧？毕竟，我也算半个主人呢！”他粲然一笑，露出洁白的牙齿。从头顶上方窗口吹来的风将他的头发吹得有些凌乱，却让他看起来异常亲切。

“当然。谢谢你。”你说。

“你，不请我进去坐坐？”他吞吞吐吐地说。

“哦，对，快请进。”你这才想起，应该感谢一下他的。

那个晚上，你坐在地板上静静看着汉森玩耍，看着汉森睡去。橘光温柔，你在这长夜里感受到了久违的安宁。

你一夜未眠。

人生便是这样的吧！

虽然艰难，虽然身处绝境，总会有和暖的光照射进来，让你在万难之中感受到丝丝缕缕的甜。

你是应该感谢林夏阳的，不仅仅感谢他为你照顾了半年的汉森，更感谢他走入你的生命，带着你前所未见的万丈光芒。他不仅是某大学的教师，更是一个志愿者，他已经连续三年利用假期去西藏支教。就在这个假期，你陪他一起去了西藏，你更加体悟了世界广袤和万物苍生。他的勇敢、他的善良、他的幽默、他的乐观，都给你开启了一个新的世界。

6

恭喜你，回归自己，重新启程。人生漫长，他日回首昨日悲喜，你应淡然一笑说：“那只是我的一段青春故事，只是我精彩一生中的一瞬而已。”

亲爱的嫣然，当你另起一页，新的人生已到来。终点转身便是起点。

历历往昔渐缥缈，且与时光共醉去。

愿你历经山河，觉得人间值得。

见字如面。加油，亲爱的你！

我不是
你的特别关注

1

2014 年 6 月，我看到过你的手机界面，在我们两家一起去露营，你不小心将手机忘在餐桌上的时候。界面的背景是个女孩的照片，她和我一样留着长发，和我一样皮肤白皙，和我一样有着淡淡的眉眼，和我一样有浅浅的笑容，和我一样有纤细的身材，可惜，那并不是我。

我常常一个人坐公交车从城南到城北，再悠悠晃晃坐回来。我只坐在最后一排左侧角落的位置，那个静谧之所是我的私人豪华舱，在我自己漫长的旅程中，没人会打扰到我。而我的目光所及，热闹的街巷，僻静的树林，匀速地向后退去，退去，所有的熙攘和喧闹都不在我的世界里。我的世界在蓝天白云间，我只看见你的笑容。

你用的是苹果手机，我也去买了一款和你一样的手机，佯装和你是情侣。

我每天都登录微博、QQ 和微信，关注你的动态，关注我能找到的你所有的信息。我在盼望，能在你所有的社交软件上拥有被你置顶的幸运。

因为我在自己的软件上已经做了这些，你不会知道。

我关注了你的微博，我的微博小号也关注了你，你不知道，你是我小号关注的唯一一个人。我的微信，我的各种社交软件，你都是被置顶，你是第一位。

可是你不知道。从 2014 年起你就是我特别关注的唯一一个人。

是你的笑容太灿烂，是你的话语太温暖，让我一度迷失在漩涡里。

还好，我的手机一直有锁，我把自己磅礴的心事锁在这个方寸世界里。

那一年春风乍起，你是我特别关注的人。

2

2017 年 10 月，你还在意大利读研二，得知你要回国休假的消息，我激动得夜夜失眠。我每天都要刷微信朋友圈看你的动态。还有两个星期，十天，一个星期，三天，一天，16 个小时，6 个小时，一个小时，20 分钟，5 分钟……你已经起飞，再经过 12 个小时零 15 分钟，你已落地……再 45 分钟，你已到家。

你到家了，我们的直线距离只有 60 米，前后楼而已，可是我却仍然觉得相隔千万里。我想象着你回到家放下行李箱，直奔屋里，从客厅到书房再到卧室看了一遍，然后说，什么都没变呀！还是老样子，然后你会发个微信朋友圈：我回来了！

然后呢，你应该会给亲密的人打电话，发微信，热情地聊起从前和想念。

果然，我猜得一点儿没错，你发了微信朋友圈自拍，喜气洋洋地写下："我回来了！回家真好！"很快，几十条评论纷至沓来，大家都在热烈欢迎你。

那么我呢？

我在期待你平复了最初回归的热忱之后，在问候完每一个你亲近的人之后，能够终于想起我。

然而没有。

我在你那条信息喧嚣过后许久，艰难地给你发了消息。

"欢迎归来，肖睿。"

你看到的是这简单的几个字，你看不到的是，我手心里、额头上都是汗，我内心的忐忑像等待着法庭的判决。

还好，你很快发来消息。

“是呀，小淼，我回来了，好不容易，差点儿误了飞机。”

你显然余兴未尽，跟我重复在微信朋友圈刚刚和朋友们说完的、我已经知道的话，可是我还是很开心。

“一切顺利就好。”我小心翼翼，生怕一不小心就终结了话题。

“还不错，哈哈。总算能吃家乡菜了，意大利面真是吃的要吐了。”你吐苦水说。

“对了，我最近学会了做好多菜，有时间试试我的手艺。”

“好呀！快一年未见，刮目相看了呀！”

“还好，马马虎虎。”

“那就明天，明天中午就去你家吃了。我太想念中国菜了。”

“没问题呀。”

“那就这么愉快地说好了！”

“好呀！”

我背了无数遍的台词都倒了出来，终于赢得了靠近你的机会。我发完消息，热泪盈眶。

痛哭流涕之后，我雀跃着跑去了超市。我买了各种食材、水果饮料和零食，买的东西之多不亚于办年货。最终，还是超市的服务生帮我把这些东西送到家。我打开做菜的软件，精心开始准备。家里的每个房间都仔细收拾整洁，又在厨房切切炖炖，将做好的半成品放到冰箱里，我一直忙到深夜。第二天清晨就起床，在中午以前一桌精致的菜肴已经准备妥当。我还化了最美丽的妆容，穿上最漂亮的衣裙。我盛妆等待着你的归来。

门铃响起来，我小跑着去开门，我的心脏已经呼之欲出。

"嗨！小淼！"你的声音还是那么热忱，让我有泪流的冲动。

"肖睿，快进来。"我说。

"哇，这么香！"未料后边又冒出个人来。我愣了一下。

"哈，怎么，小淼，不欢迎啊？"是冯铮，你的死党，也是我的同班同学。

"哪里，快进来。"我心里的温度已经降到冰点。

"不介意吧？我找他一起来喝点，好久没见了。"你嘻嘻哈哈地说。

"怎么会？"我努力绽放笑容说。

显然，这一整桌的盛宴让你们很开心，你们一边大快朵颐，一边连连称赞我的手艺。

我骄傲地问："我是不是可以去做大厨了？"

你连竖大拇指："当然，我好久没吃到过这样的美味了！太好吃了啊！"

我看着你们连连举杯，心里很欣慰。你不知道，为了这一桌盛宴，我花费的不是一整天的时间，而是整整半年的心血。这每一道菜，我都做了好多次，这半年来，我一直在想象有这么一天，我能为你做一桌你爱吃的菜肴。今天，这个愿望终于实现了。

那么，我是不是向你又靠近了点儿呢？

席间你接了两个电话，你也曾刷开手机屏幕，我再次看见了你的手机界面，不再是那个女孩，而是意大利的街景。我有一点儿窃喜，那是不是意味着，你的生活要有新的开始？

遗憾的是，你的生活是不是有新的开始，跟我并没有多大关系。

我并没有进入你的微博特别关注名单，而只是在“同学”之列，你的微信、QQ，所有社交软件上我也一直没能够拥有置顶的位置。别问我是怎么知道的，我就是知道。

那一年秋风萧瑟，我不是你关注的人。

3

我不知道我们两家在 2016 年的那次聚餐是不是命运的安排，或者我是应该感谢金融危机，总之，不知道什么原因让你爸爸想起来，或许我们两个在一起最为合适。我以为我的心意瞒得过世界，却最终也没能瞒得过我的父母。而你父母觉得，你即将硕士毕业回国，感情一直起起落落，或许相识多年的我才能给你最稳妥的爱情。

是的，稳妥。

我感恩命运给我的恩赐，可以名正言顺地走近你。

我们于是恋爱了，虽然不如我想象般的热烈。

我如愿以偿地跟随你左右，像无数情侣一样，和你一起吃很多很多顿饭，和你一起说很多很多话，和你一起去看很多很多的电影，和你一起去世界各地旅行，甚至分享生活中的每个点滴。

我感受到了浪漫，你给予了我很多的浪漫。你还给了我一个极其浪漫的求婚仪式，它甚至在互联网上被观赏了几十万次。同学，友人都在祝福我终于情有所归。

我当然沉浸在无限幸福之中，要知道，多年等待，一朝成真，我还真是有些不敢相信呢！可是，我的心底深处一直有一丝隐痛时时出现。

我一直憧憬你能够给我一个婚礼，那个新郎只能是你。从杭州到上海，每一寸土地都留下我的心愿，和过去的1000多个日夜我诚挚的祈祷。

可是，遗憾的是，你终究没能爱上我。

下个星期就是我们的婚礼了。我多么希望我可以假装什么都不知道，就这样赤诚地永远爱下去。很多顿饭都是我在准备，我来约定；很多话都是我一个人自言自语，我说你听；很多电影你也只是陪着我看，一声不吭；旅行中你也常常神思不在，我甚至看见你的眼睑泛起潮水，我告诉自己或许风浪太大。我以为一切我都可以假装没感觉。

可是，就在我要穿上婚纱之际，我看到了你写给她的诀别信。

现在已经很少有人再去写书信。我是在整理书架的时候在一本书里翻到了你写的信，那张信纸折得方方正正、一丝不苟，打开来，是你的字迹。那些字我就不想再念出来了，只是，那一笔一画里饱含的深情我感受到了，那是你不曾给过我的。信并没有寄出，但是你的深情已付。你的手机微信里还留有她的联络方式，虽然没有联络，或许是相对无言吧，只有沉默才能替岁月申辩。

你给予我的浪漫，华丽而体面，只有我知道，那里边少了一颗滚烫的心啊！

我爱你，一千个一万个爱你，然而，我的心底也有个骄傲脆弱的小孩在委屈地呐喊：我也值得被珍惜着，被好好爱着，呵护着。我也只有这短暂的一生。到了迈向婚姻殿堂的最后一刻，我的骄傲终于战胜了我的懦弱，让我不能屈服于这样一种人生。我想，那个对我特别关注的人一定在不远处等着我。

我的微博已经取消了对你的特别关注。冬至到了，你不再是我关注的人。

我曾一度感怀命运的恩赐，至今也仍然感激。

我想，我也应该亲笔书写这样一封信，为我的爱情。深情已尽付。

那么，就这样吧！

再见！祝好！

奈何
你不是我的归人

嗨，沈长生，你绝对想不到吧，我们最终会以这样的方式说再见。

就在昨晚，2019 年 4 月 15 日，巴黎圣母院大火，烧毁了一座几百年的艺术殿堂，全世界为之涕泪。这场大火，也烧毁了我心中最后的憧憬和希望。

我觉得，是时候推倒我心中的海市蜃楼了。

1

因为要搬家而整理旧物，昨晚你在微信朋友圈晒出了年少时女孩们写给你的贺卡，当然贺卡上的名字你都打了马赛克。但是那些清秀稚嫩的祝福和表白，实在让人感慨良多。你不无感叹地说："青春逝去，你们还好吗？我的‘女朋友们’。”

下边评论的人很多。

“好嘛，沈长生，你果然是个名副其实的渣男。”

“你这是故意和心心挑衅的吧！”

“任心心明天回来，我去观摩你跪榴梿吧！”

人人都在骂你是渣男。你在他们眼里的确是渣男。因为从年少到现在，实在是有太多的女孩喜欢你。

我并不知道你还保留着她们的卡片，可是我此刻并不生气了。我多么羡慕。只是，这些女朋友们里面，没有我。

我不曾给你写过情书，因为你从未给我机会。从我懂得爱情起，我就知道，你的爱情给了别人，只给了一个人。

所有人都不知道你是一个多么钟情的人。

我对你钟情了多久，你就对她钟情了多久。

2

那几年流行一首《董小姐》，你特别喜欢唱。每次唱到尽兴，你甚至还会落泪。朋友们都讥笑你这么煽情。“这首歌实在是太感人了。”

你在 KTV 里说。

董玮玮自始至终都没能爱上你，这实在是让你很悲伤的事吧。

你对那些追求的女孩若即若离的，我知道其实都是为了能引起她的嫉妒和醋意。但是，遗憾的是，她始终有自己的坚持和选择。她是那么清醒的女孩，从来不允许自己因为谁的好意而随便受感动。作为一个被领养的寄人篱下长大的孩子，太清楚自己需要一个强大的避风港湾才能安稳地度过这一生，她不能选择与你同行，而是选择了嫁入豪门。

这于她，也是无可厚非的，或许也是最好的选择。

朋友们都在祝福她。

我也祝福她。我无比感谢她。

3

半月前你带我参加了她的婚礼，我犹豫着我们要不要去参加。你云淡风轻地说："我们各自找到了自己的幸福，这不是很好的事吗？"

我真的相信了旧梦已远去。

可是，我在席间有好一阵找不到你，于是我离席出来找你。我在拐角看见了正站在卫生间门口的新娘和正在呕吐的你。

“你还好吧？”她说。

“我没事，去敬酒吧！”你勉强挤出一个笑容，又“哇”的一声吐出来。

“天，你这，我去叫人吧！”新娘说。

你拉住她的手说：“别，没事，你去敬酒吧！大家都在等。今天是你大喜之日。”

她沉默了好久，愧疚地说：“长生，我对不起你。我爱过你。”

“你是我此生唯一爱的人。”你好久才抬头，我看见你满脸的泪痕。

她慌忙挣脱你的手，跑远。

我躲在角落没有出来。其实我走几步就可以扶你起来，帮你捶背，帮你擦泪。可是我没有。因为我知道我走过高山山林，走过湖泊荒漠，也走不到你的心里。我们之间的距离遥不可及。

我突然就知道了真相。

我转身，穿着礼服一个人走了，我走在路上，浑身虚脱。

4

你是因为我爸爸病了才和我在一起的吧。

你是不忍心让我一个人煎熬，觉得我太清苦才愿意和我在一起的吧！

你对我是怜悯多于爱情的吧？

当你面对她，我才认清了爱情的真容。

那个让你痛苦，恸哭，失魂落魄，恨到极致的才是爱情吧？

而对我，只有强颜欢笑，敷衍安慰。你是需要做好心理伪装才能以正确的姿态面对我的吧？很累很累的吧？

5

多年以后的今天，我仍然能回忆起当年最初的日光。

那样惬意的午后，黄昏，甚至夜晚，都让我沉迷。

你家搬来我家隔壁的第一天，我就喜欢上了你。那时候小小的我还不知道，那叫一见钟情。只是，我的一见钟情来得不是时候。

你比我大五岁，在我心里五岁是那么一大截光阴，我踮着脚拔高也够不到那相差的五年。

那时候的你喜欢给人拍照，那时候还没有现在的触屏手机，老旧的按键手机还只能发个短信，不能拍照，你都是用胶卷来拍。你给别人拍照的胶卷都很普通，只有给董玮玮拍照的时候不一样，你说这是很贵的菲林。

菲林。所以，我从很小起就认为，那是非常贵重的东西。其实，它的价格当然比不上一部苹果手机。

但是我愿意用十部苹果手机来换一卷你拍的菲林。

我曾经无数次跟你在暗室里，在暗光中看着你亲手将胶片从水里用夹子捞出来，在我眼里那一张张从水里出来的胶片已经变成翩翩蝴蝶，带着露珠，我感到了无比幸福。

6

在我心里，你是如此神秘和优秀。

因为拍照这件事，我觉得你在从事一项至高无上的事业。暗室里放着乐曲，我在暗室里跟你有一搭无一搭地聊天。我问来问去，你一边手里忙着，一边回复我，不那么迅速。你的声音不高，嗓音浑厚。但是我却喜欢这舒缓的音乐，这不疾不徐的节奏，这恬淡的笑容，和自由的心情。虽然在盛夏，暗室里密不透风，但是在我看来，这简直是天底下最浪漫的事了。

我爱上了和你这样在狭小空间里的一唱一和。其实我也帮不上你什么忙，不捣乱就谢天谢地了。我顶多帮你去找冲洗罐、显影粉，拿个夹子，或者帮你把悬挂的胶片拿下来。有些程序你是不许我做的，只让我做规定动作。因为按照你的话，我小，还什么都不懂，手重了会把胶片搞坏。

可是我是那么心灵手巧的女孩子，手工都那么棒，做什么不会呢？我心里总是这样反驳你，却从来没有说过，我不想让你觉得我不听话。既然是你说的，那我就去做，我很乐意按照你的安排去做事。你让我做什么我都开心得不得了，我扎起的马尾辫因为走路带风而左右摇摆。

我曾经问过你："什么时候你能给我也拍一卷菲林就好了。"

"好啊，等你长大点儿，长成大姑娘。"你一脸笑意地说。

"那我让你给我拍十卷。"我憧憬地说。

"没问题呀！"你一边忙着手里的活儿，一边对我笑。

"那能把我拍得比她还漂亮吗？"我仔细看着你的眼睛。

"当然能了！你就是个小美人么！将来就是个大美人啦！"你笑得眼睛都眯成了一条缝。

"那我希望将来你能在巴黎圣母院门前给我拍！"我想了半天，大声说。

"为什么？"你有些惊讶。

“因为我觉得扎西摩多的爱情是天底下最感人的爱情了！”我理直气壮地说。

“好呀！”你的样子像极了敷衍一个小朋友不可能实现的愿望。

可是，我偷了那卷菲林。你给她拍的那卷。

我撞见过你们拥抱和亲吻，我恨极了她，虽然我知道那很没道理。可是我觉得是她抢走了你的爱，那本来应该是属于我的爱。毕竟你先认识的是我。就因为我小吗？就因为我们差了中间这五年？

我以为我偷走了那卷菲林，便偷走了你的心。事实证明，我太小看这个世界了。

7

我果真长成了大美人，巴黎圣母院却不在了。2019 年 4 月 15 日，巴黎圣母院大火，烧毁了我心中的最后一池江河。

我们曾经约好的一起去拍巴黎圣母院，却终究没有来得及。

多么遗憾。我做了这么多年的努力，最终却没能成功。

我终于承认，你对我的感情，不是爱。我不能欺骗我自己。你也不能欺骗你自己。

其实，到了今天。我想说的是，面对生死的刹那，人才会清醒，其他一切都是渺小的。我的得与失，我的爱情，都不重要。

我只希望，能全心地陪伴爸爸，祈求上苍保佑他一切安好。

所以，我还你自由，也要找回完整的我。

不必担心，我会一切都好。

我也愿失去了爱情的你，一切安好。

谢谢你陪伴我走了这么久。

或许对你我来说，巴黎圣母院的倒塌就是一个隐喻。

此刻，我领悟了这个隐喻，见证了这个世界的残酷和美好，也谢谢你曾给予的慰藉。

曾深深眷恋，奈何你不是我的归人。

凝望深渊已久，当警报轰鸣，我要刹车转弯，余生还来得及爱自己。

我不是你的女神，却是 ×× 的缪斯。

巴黎圣母院会重建，愿你我各自心中的爱情都能遇见黎明。

祝好！

纵然这世界荒诞，我依然相信爱情

夜浓。万籁俱寂。咖啡杯已空，缕缕香气仍浮荡在空中。

“我给你讲个故事吧！”一个叫文雯的姑娘给我发来手机语音消息，声音有些沙哑。

我看了一下桌旁的闹钟，此刻是北京时间晚 10 点半，我已经准备要休息。可是我还是说：“好啊。”

“我想，先问你个问题。”她又说。

“你说。”

“你相信爱情吗？”

“当然相信。”我肯定地说。

“嗯。这并不是一个很美的故事，甚至可以说是非常糟糕。”她又说。

窗外夜色阑珊，霓虹辉煌，我站起身点开熏灯，又续了一杯咖啡，因为我感觉这是一个很长的故事。

1

那是一个无比晴朗的秋日。时隔多年，文雯仍然清晰地记得那一天的天气，天高云淡，秋高气爽。文雯在描述那一天的时候仍然觉得自己语言匮乏。

秋天是收获的季节，文雯没有料到就在那个秋日，她收获了自己的爱情。她也曾无数次地想象过自己的爱情将会以何种方式登场，她将如何邂逅她的意中人。

他是跑着过来的。他跑向她。这就是她和他邂逅的方式。

那是她刚到单位后第一次集体秋游，她因为平时缺乏体育锻炼，登山环节她便落后了，被同事们远远地抛在后边。已经快要日落，几个小时前还觉得无比唯美的郊外此刻变得格外荒凉，高高的芦苇随风飘荡，四周看不到人影。文雯看了一下手机，已经快到集合的时间，她有些慌了，大家该不会将她丢下已经乘车返程了吧？这荒郊野外，离市区很远，附近没有便利的车。一个年轻女子只身一人在这里，实在是太危险了。她正想给负责人打电话，就看见对面跑来一个人。

多年以后，她一直记得那一幕。

他穿着一件简单的白色T恤和一条黑色运动裤向她跑来，他的背后是落日，他被掩映在落日的金红色余晖之中，他的头发被罩上温暖的光圈，他的脸庞也被落日罩上柔和的光晕。他矫健的身姿在这夕阳和巨大苍穹的背景中竟然让人移不开眼睛，这温暖的画面，这动态之美，这力量之美，让她瞬间着了迷。

她停住脚步，站在那里望着他一步步奔跑而来。那一刻，她知道，她的爱情诞生了。

第一次，真正的爱情。之前的种种情愫和暧昧的感情，与此刻的心动相比都黯然失色。

在她晃神的几十秒，他已经跑到她面前停下来。

“嘿，文雯吧？我来接你的，就知道你走丢了。”他笑着说。

他的话语太温暖，他的笑容太绚烂，文雯的心再一次颠簸动荡起来。

“是的，谢谢你，我以为你们不要我了。”文雯说这句话的时候，被自己吓了一跳。她猜自己是想说：我以为你不要我了。还好，说出来的是“你们”，而不是——你。可是，他们还是第一次邂逅了，真正的邂逅。当然，在公司的时候可能大家相互打过照面，但是大都擦肩而过，并没有在意。

而今天，在这样一个秋高气爽的天气，在这样一个美好的时刻，在苍茫天地中，只有他们两个人。他是来拯救她的。

所以，上天是多么善解人意，这是多么让人感动的安排！

文雯被这一刻彻底感动到了。

“怎么会呢？一个都不能落下啊，大家都在等你。跟我一起向前冲吧！加油！”他笑意盈盈地说，然后又微微弹跳了一下，转身往回路向前跑去。“来呀！跟我一起！”他转头向后对文雯说。

文雯于是跟上他的步伐，她的脑海里还停留在他刚刚弹跳的动作。白色的运动鞋在地面上弹起、落下、弹起、落下，那韵律像极了舞步，美好得让人流连。

他们一路奔跑，迎着夕阳，像要一起跨进一幅金红色的油画里。十分钟后，他们终于看见公司的车，车上有人从窗口伸出头来，冲他们喊：“加油啊！再晚就不等你们啦！我们要走啦！哈哈！”

文雯感受到了从未有过的幸福。她后来一直感谢那个秋日，感谢这家公司，给予了她那种从未有过的美好。

他叫甄曦。文雯记住了。

2

然而，甄曦原来是有女朋友的。

文雯隔天就知道了，原来甄曦的女朋友就是公司老板的千金，销售部的许楠。作为运营经理的甄曦和销售部工作来往密切，甄曦仪表堂堂，被年轻貌美的许千金看上，这件事从哪方面来讲都是很符合逻辑，也很符合大众心理。虽然两个人都有些低调，但是毕竟双方都是光环人物，他们的恋情已经是公开的秘密。

那么，我怎么办呢？文雯难过地千万次问自己。

当然没法跟许千金相提并论，无论家世、样貌还是学识。所以，甄曦又怎么会爱上她呢？

刚刚汹涌而来的爱情就这样不得不立刻搁浅，像一个刚刚绽放的尚未灿烂到极致的美梦，就这样猝然间破碎了。可是，这世界就是这般残忍。

然而，已经绽放的蓓蕾仍然还是开放了，在文雯的心间。只不过，不会有阳光照射进来。可是有些植物即便在阴暗潮湿的环境下，仍然还是会兀自生长。

秋游之后，文雯和甄曦成了好朋友。在之后的几年里，文雯一直保持着和甄曦的好朋友关系。

文雯和公司所有人一样，在默默地等待着他们金童玉女的美好结合，尽管自己很难过。然而，文雯没有想到公司八个月之后会裁员，而她成为第一批中的一员。

电脑屏幕上那个长长的名单公布出来的时候，文雯并没有哭。她只是感觉到了难以名状的悲伤，像失去了亲人般痛苦。很多人都去人事部闹了，也陆续申领了辞职补贴。文雯在座位上坐了许久，没有动。她后来终于想明白一件事。如果她没办法爱甄曦，那么其实她在哪里都是一样的。所以，她和往常一样，听到广播里传来悦耳的下班铃声之后收拾东西，然后站起身，背起背包，走出去。只是，她把公司职员卡放到了桌上，没再回头。

3

文雯去了离脚下这片土地很远的深圳。将思念的线拉长，也许思念就会稀薄。可是思念还是丝丝缕缕偶尔溢满心头。

文雯没有想到，到了陌生的深圳，她却如鱼得水，很快获得领导赏识，工作屡屡出成绩。或许应了那句话——情场失意，商场得意。她偶尔会苦笑。

文雯已经很久没有跟原来单位同事联络，所以，当她听说甄曦和许千金分手的消息，着实吓了一跳。她这才去翻了许千金的微博，看到了让她不敢想象的内容：

声　明

本人被渣男蒙蔽两年之久，在其屡屡花言巧语欺骗之下，真情付出两年多，甚至已经答应他的求婚，多亏好友及时相告，才得知其恶劣本性。无须多言，以图为证。另郑重声明，渣男甄曦自此与本人再无半点瓜葛，若以后有冒充我男友招摇撞骗之事，恕我毫不知情，人人可打。

——许楠

微博附了九张甄曦在某个社交平台上的图片，只不过，在此平台上他的名字叫“郎图腾”。文雯逐个点开，哑然失色。

第一张是个微信对话截图。

美女：帅哥，你的微信背景和头像怎么都和我的一样？

甄曦：我仰望苍穹！

第二张是他和另外一个女孩在某酒店门口，夜色中两人亲昵告别。仔细看，这个女孩正是前一张图片里的美女。

看来他已经从仰望苍穹到顺利拥有了苍穹。

接下来两张图片里他裸着上身，在自拍晒腹肌。配了文字——“是不是很诱人？”

再接下来是他各种自拍，扎丸子头，束彩色发带，有人给他的后背画彩绘……

文雯再点开甄曦的微博，他最后一条微博只是“呵呵”两字。一片励志昂扬和岁月静好。

甄曦失眠了。

4

文雯万万没有想到，她会在三个月后接到甄曦打来的电话。

“文雯，我辞职了。”他停顿了一下，又说，“我和许楠分了。呵呵。我听说你在深圳发展得不错，我也想去深圳，能不能帮我介绍个工作？”

“哦，好的，甄曦。我试试看。”她沉默了一会儿说。

文雯的心又乱了。辗转反侧了两夜，终于还是决定尽全力帮他。文雯求现在的同事帮忙，帮甄曦找了一个非常好的公司，待遇很高。甄曦在手机微信里连连说感谢。

但是毕竟初来乍到，困难重重。而且甄曦的单位地处黄金地带，租房费用很高。

甄曦来的第三天，便约文雯吃饭。文雯认真打扮了一番。毕竟，是第一次和喜欢的人正式单独吃饭。她的心绪很复杂，心底深处的情愫又开始蠢蠢欲动。

穿上最美的衣裙，戴上最漂亮的首饰，穿上最靓的鞋子，背上最有品质的坤包，再配上最养眼的妆容，每个细节都做到了精致。文雯希望以最美的姿态再次和他邂逅。

文雯的确让甄曦惊艳了。从他的眼中她看见有火花刹那间划过，她确定她捕捉到了那簇火花，但是也只是短短的一瞬，便消失了。可是就这短短的一瞬，也足够让她的心雀跃。那是不是证明，他也是喜欢我的？她不由得这样想。

寒暄，叙旧，两人都有意无意地回避了那个雷区——许千金的声明。邂逅非常和谐，文雯甚至有了点儿醉意，有一点点幸福在心里的某个角落兀自荡漾。可是当她听到甄曦说了一句话，她便立刻出了冷汗。她看着他不语。

“你一直都喜欢我，对吧？”他哈哈大笑，从笑声里文雯听出了一点儿不屑，只有那么一丁点儿，但是“嗖”地一下，文雯还是抓住了。

“你，你知道？”文雯不信地说。

“我当然知道。哈哈。我怎么会不知道？应该很多人都知道吧！哈哈！不过，喜欢我的人很多，从小到大喜欢我的女人，队伍大概要排到巴黎了。”他大概是喝多了，所以才会说得那么张狂，这个样子的甄曦她从来没见过。她不可否认他说的是事实。他实在是太夺目了，很少有年轻女孩不喜欢吧，他就是天生有女人缘的那种人。有与生俱来的魅力也不是他的错，所以，他有骄傲的资本，完全有。

“既然喜欢我，那我搬到你这里来住怎么样？然后我们半年后就可以结婚。”他的笑容突然消失，仿佛在和文雯就某种国际事务进行谈判。

“你，说，什么？”文雯以为自己听错了。

“我说我搬到你这里来和你同住，我打算和你结婚。”甄曦喝了一口酒说。

“可是，我们，还没有恋爱呀？”文雯结结巴巴地说。

“你不是很爱我吗？很久了吧！”他有点儿不耐烦地从桌上的烟盒里抽出一支烟，用打火机点燃，吸了一口，又缓慢地喷出来。他手里夹着烟，眯着眼看着文雯，似乎在掂量她心里的这份爱有几斤几两。文雯突然觉得受不了他审视的目光。她独自喜欢的秘密已经被看穿，原来这长久以来她都是自欺欺人，长久以来都穿着皇帝的新衣。

“我，是很喜欢你。”文雯喝了一口酒，说。

“那就简单了！我们早点儿在一起。”他继续喷着烟，看着她说。

“可是，你爱我吗？”文雯胆怯地说。

“哈哈。你是在跟我谈爱情吗？小姑娘？你果然还没长大。这几天的新闻看了吗？娱乐圈又好几对分手的吧？其实都是蒙骗世人的，他们结合就是为了一个字——钱。结婚对双方是个共赢的事，结个婚，‘粉丝’有了，好形象有了，代言有了，名和利都有了。这些都有了之后再各自恢复自由，多好的事。这世上啊，早就没有什么爱情了。我也早就没有爱情了。我的爱情好几年前就死了，在我上大学第二年，哈哈，现在谁还说爱情！”他又说。

“可是，你和许楠难道不是很相爱吗？”

“你说她呀！哈哈，是她先黏上我。你知道，我其实从来没追过女人。她也不过是喜欢我的许多女人中的一个。不过，谁让她是许老板的千金呢。既然主动送来，那我何乐而不为？我还能顺便做个富豪女婿。哈哈。”他仿佛在说一个很好笑的笑话。

“可是，我听说，你很爱你的初恋。”文雯沉默了片刻又说。

“我的爱情早死了。之后就没有爱情了。有句话怎么说了？既然找不到一个你爱的人，那就找一个爱你的人。所以，你看，既然你那么爱我，我们在一起再合适不过。”

文雯望着他沉默。良久，她站起身。

“很抱歉，不论这世界如何荒诞，我依然相信爱情。”她拉开门，走出去。

她走出酒店大厅，便看见迎面霞光一片。

她又想起几年前落日余晖中那美好的一幕。只是，有些风景只能远观，不能走近。心上的美好，就停留在那里吧。

5

夜已深，又一杯咖啡已喝完。

“的确是个很长的故事，文雯。”我说，“我送你一首歌吧。”

我发了《从头》的歌曲链接给文雯。于是，陈粒铿锵的声音穿越夜空：

“当拥抱时间的浪潮／潮水打湿我的发梢／我会从头整理遍地骄傲……当迎来生活的玩笑／玩笑弄皱我的眉毛／我会从头整理生活线条……我有我答案／我要我勇敢／自己才是彼岸……我会从头让全世界听到／从头勇敢／从心出发到彼岸。”

亲爱的文雯，不如就整理好心情重新出发吧！将路过的风景都看透，然后挥挥手，不必回头。前方，美好等待已久。

当俯瞰生命，方知岁月静好

1

春深。早雾很浓，空气微甜。眺望远处，一片云蒸霞蔚。

晨跑的沈熙早已汗流浃背。他慢下脚步，准备歇息片刻，却听到手机微信提示。他停下来，倚在旁边的凉亭柱子上，从裤子口袋里拿出手机，划开密码锁，看到大学同学群里有了小红点，他点开那个小红点，便没法淡定了。

发消息的人是久违的米格格。

好久不见。他在心里说，手微微有些颤抖。

的确是好久了。大学毕业五年了，还是第一次看见米格格在群里发消息。只知道她出国留学去了，留学三年毕业之后，她并没有回国，因为已经适应了国外的生活。

“回来才发现，我成了老古董了呀。我们那里吃家乡菜要去很远的中国餐馆，要么就得买食材自己做。回国这几天，我发现到处都是各种手机软件，扫二维码，流行词语，网红餐厅，让我统统发懵。我不知道什么是抖音，什么是B站，国内已经先进到这种程度了吗？我记忆里最流行的电视娱乐节目还停留在20年前的快乐大本营呢，我在家里看的最新的宫斗剧是《甄嬛传》，我都不知道国内已经升级换代，《延禧攻略》已经播出一年了。还有当年狂追的那些小说都已经拍成电影电视剧了，真想尖叫，知道吗？”米格格在群里兴奋地发了一段语音。

“哇，格格回来了，声音还是那么美。”立刻有同学跟了消息。

“没听出来吗，进化成美式汉语了，哈哈！”有人说。

“只听声音不过瘾，要看本人！”又有人说。

米格格很大方地发了照片。她正在开车，身着一件暗红色天鹅绒上衣，领口处露出一条珍珠项链，耳朵上也戴着珍珠耳坠，衬得她的容颜更加姣好。她只是随意地将后边的头发挽上去，风将耳畔的碎发吹起。她的笑容还是那么甜美，她还是那么美丽。

“哇，格格就是格格，五年过去了，你还是那么漂亮。”

“瞎说，还是有很大变化的，变得更漂亮了。”

“哈哈！谢谢大家恭维，想念你们啦！”

“什么时候我们聚一聚？”

“好呀，就最近吧，我回来看看我爸妈，正好和大家见个面。你们大家都还好吧？”米格格又欢快地说。

“我们不好，你不回来我们怎么能好，哈哈！”

沈熙关了手机屏，做了个深呼吸，继续晨跑。

2

米格格是公主，被捧在手心长大，被众星捧月追随。沈熙也没能成为例外的一颗星，成为众多追随者之一，当然，这件事没人知晓。

沈熙在大学期间兼职做的第一份工作是快递员。为了怕同学们认出来，他特意花了几十元买了个旧手机用于工作联系，大热天的他也总是戴着口罩和帽子。快递员的工作很累，但是每天最快乐的就是能亲手将她的快递送到她手上。米格格家境优渥，总是买很多东西，每周都有快递。每次沈熙拿着快递在校门口打电话给她：“你好，是米小姐吗？你的快递！”“哇！好的好的，你稍等我，我就下来了！”然后，他很快就能看见她兴奋地跑出来，有时候因为匆忙甚至散着头发，套一件简单的长T恤、短裤，穿着拖鞋就跑出来，嘴里还含着泡泡糖，足以见得她的激动。

“别着急。”他微笑着说。可是她总是匆忙签了单，拿起包裹，一边敷衍地说一句谢谢，一边飞也似的跑掉。

可是即便她的微笑不过是个敷衍，即便她从未在意他的眼神多么温柔，他也还是那么开心。

可是沈熙只做了半年快递员，因为那家快递公司后来搬到了很远的地方，不过接下来他又送了半年快餐。当然，他又有很多给米格格送餐的机会。因为要求统一着装，他仍然总是戴着帽子、口罩，将自己全副武装起来，同学们没人察觉出面前送餐的就是住在隔壁宿舍的沈熙同学。当然，如果遇到有米格格的订单，即便顺路有很多餐要送，沈熙都会第一时间绕道先送米格格的餐，然后再绕远路回去一一送那些餐，当然那些餐里边也有加急的，可是只是小小徇私一下，有何不可呢？这是他仅仅能给予她的小小特权。他怎么忍心让她饿着肚子等很久。每次将餐盒递给格格，他都会说：“小心，烫。”米格格会甜甜一笑。或许她觉得这个送餐员很逗，会对毫无来由的关心报以一笑。可是每次沈熙都觉得整颗心都融化了。他甚至会看着她的背影远去很久才踏上摩托，吹起口哨，迅速回转，一路驰骋。每一次他的心里都会生出“人生如此美好”的感慨。

一个雨夜，他给她送餐的时候，因大雨路滑，他的摩托车滑倒，导致餐盒跌落，里面的汤洒了。他爬起来将餐盒重新装到箱子里，差点儿哭了。订单有损失，他是要赔付的。而且，只要有顾客给出差评，他可能连续一个星期的单都白送了。

他全身湿漉漉地站在雨里，只见米格格撑着伞跑过来，心里是忐忑的。

“抱歉啊，雨大，滑了一跤。汤洒了。”他有些胆怯地说。

“没事没事，这么大雨，谢谢你了。你摔哪里，用不用去医院？”她在伞下仔细上下打量他。

“哦，没事，我没事。”他傻傻地说。

“那谢谢啦！”米格格拿着饭盒便跑远了，没有让他赔付，也没有给他差评。

他站在雨里落了泪。不知道是因为女孩的善良，还是为自己难过。

终究是难过的。

她有一颗美好的心。可惜，他们究竟是活在两个世界的人。他向往她，却不敢追求，因为，终究不可能走到一起的吧！

大学毕业的时候，他送她一个特别的礼物。是他亲手做的一个手工音乐盒，音乐盒里站在那唱歌的小女孩就是照着她的样子做的，不知道她懂不懂。她应该是不懂的，因为她怎么可能知道他隐秘的心事，他从未表露过。时隔多年，那个礼物应该已经找不到了，终究被淹没在岁月的洪流中，那些年藏在心里的话终究没有能够说出口。

3

沈熙出生在一个偏僻的小山村，这里除了风光好没有任何优点。经济落后，文化落后，一切都落后。上大学前沈熙没见过火车，没吃过生日蛋糕，没吃过麦当劳、肯德基，小镇上只有寥寥数个新华书店，只卖课本和限量版的课外读物。小镇上只有一家网吧，是唯一与外面的世界相连的枢纽。沈熙的妈妈在他小学毕业那年病逝，他爸爸一个人带着他的奶奶和弟弟妹妹五个人一起生活。他的家小而破旧，因人口多，他没有自己的房间，和弟弟妹妹住上下连体床。他渴望读书，渴望另一个世界，只能每天藏在装满粮食的仓库里捧着书看，光线从小小窗口投射进来，并不明亮，可是沈熙觉得很开心了。所以，沈熙从小就有一个愿望，希望有一天能拥有一个属于自己的宽大明亮的书房。

上大学后沈熙拥有了第一部手机，一个二手手机。可是他觉得已经很幸福了。

因为生活的地域落后闭塞，沈熙的爸爸并不觉得读书是一件很必要的事，以至于沈熙到了 8 岁才上学。高中毕业后家人又送他去参军两年，然后才考的大学，所以沈熙大学毕业已经27岁了。这个年纪的小学同学很多都已经完成了婚姻大事，孩子都已经上幼儿园了。

过早地懂得生活的艰辛，沈熙并不能如其他同学一般无忧无虑地念大学。所以，他从大学第二个学期开始就做各种兼职，一边读书一边赚钱。遇见喜欢的女孩，也只能是默默喜欢着。

沈熙大学毕业后想去大城市闯荡，于是他去了广州，很顺利地找到一份喜欢的广告公司的工作，他已经小有成绩，获得了领导的赏识。可是就在他要晋升为部门主管的那个晚上，他正在上高中的弟弟打来电话，他的爸爸病倒了——心肌梗死加中风，随时有生命危险，不能过度劳累。沈熙在广州街头的太阳下暴晒了三天，终于做了艰难的决定——回老家。

或许在大城市再打拼几年，他会有一番好前程。可是，他的身上还担负着责任。这世间有些东西比前程更重要。

沈熙回了家乡。一边做点儿临时的工作，一边准备考公务员，晚上照顾生病卧床的父亲。遗憾的是，那一年公务员考试他落榜了。

他没有很多时间可以挥霍。小镇工作种类不多，可供发挥的空间很小，但是他看到了小镇唯一的优点——风光极美，近年来小镇渐渐成了旅游城市。沈熙再三考量，决定开一间民宿，一家带摄影的民宿，他自己当老板和伙计。

于是，沈熙在一个失眠之夜出走了。

他在夜色里绕着小镇走了几个来回，最后决定在临近海边的区域租下那几间空房子。他在海边的礁石上坐了一夜，等到天光发白，等到太阳喷薄而出，他站起身，抖落身上的尘埃和疲惫，步履稳健地走向那几间房的主人。

三年后的今天，在互联网搜索引擎上输入“邹老板”，便可以看到沈熙和他的民宿，它已经是当地小有名气的民宿，沈熙也已经是当地名人，甚至还接受过报刊和电视台的新闻采访。沈老板给顾客拍摄的摄影作品在网络上也频频可见，在网上约片的客人非常多。

4

沈熙已经跑过 1000 米，达到三分之二的路程。他正要停住脚步再歇息一下，忽然听见有人在后面奔跑的声音。他回转身，便看见乐云笑嘻嘻地跑上来。

“嘿！你又是从近路跑来的，又要赖了！再说你看都几点了？你又迟到了！”沈熙假装生气地说。

“哈哈，不管怎样，你就是没有我快！来追我呀！”乐云撒欢向前跑去。沈熙看着她的背影，微笑着故意放慢速度在后面慢跑。

沈熙是要感谢乐云的，感谢这个姑娘。

两年前的一个午后，沈熙在步行街长巷子里漫步，看见一个手鼓店新进了一批手鼓，店老板在卖力地敲手鼓。于是他走进去，拿起一个手鼓问："老板，这个怎么卖？"没料到旁边有个姑娘说："对不起，这是我选好的了。"他抬眼便看见了她。

"哎，你不是那个……那个……谁吗？"沈熙居然想不起她的名字。

"沈熙，原来是你！乐云啊！我们是隔壁班级，我们一起上选修课，还有很多必修课的！"女孩兴奋地笑了。

"对呀，对呀！你怎么到这来了，来玩的吗？"沈熙问。

"是啊，是啊，早就听说这里风光好，我就想着什么时候一定来玩。没想到还真的碰见你呀！"女孩兴奋不已。

"来来来，老板，手鼓我们要了。走走，到我那去。你打算玩几天？我带你玩。"沈熙没来由地激动不已。

后来，他们玩得很开心。后来，女孩说她想留下来。后来，他们恋爱了。

再后来，女孩告诉他，她大学四年只喜欢一个人，可是这个人来去无踪、神出鬼没，甚至大学毕业合影他都没有参加。

"因为那时候疲于奔波啊，我是兼职达人啊！"他笑笑说。

“其实我知道，你当时喜欢米格格。你们男生都喜欢米格格。而我，还是个丑小鸭。只是，我要警告天下所有的男士，不要小看任何一个丑小鸭，因为，或许，你与幸福就差一个隔壁班的某某。”乐云嘟起嘴巴说。

“嘿！你快来呀！来追我呀！”乐云在前面停住脚步，挥着手回转身等他。

他拿出手机，默默地退了同学群。

5

繁华喧嚣，浮云翩翩，流年逝去，悲喜人间。

当俯瞰生命，方知岁月静好。

渺渺余生，爱你万千。

所有的遗憾
都是后来惊喜的前言

1

2013 年的余藻，梳马尾辫，戴高度近视镜，着棉麻裙，穿休闲鞋，走路如疾风骤雨。

2018 年的余藻，韩式浪漫微卷发，戴美瞳，穿香奈儿，踩恨天高，步步摇曳生姿。

2013 年的余藻，经常在炎炎夏日跑得气喘吁吁，只为了追赶一辆不靠谱的 335 路公交车。

2018 年的余藻，偶尔开车遇见 335 路公交车还会摘下墨镜仔细瞧瞧，时间来得及便跟它赛跑。

2013 年，有很多人汹涌奔向一扇通往世界之门，它叫新东方教育培训学校。

余藻便是这汹涌浪潮中的一分子。

当然，自认为毫无语言天分的余藻是被父母大人赶鸭子上架，不得已而去凑的热闹。

彼时，余藻以优异成绩刚刚踏入西南 W 大学，一向对女儿期望很高的父母便高瞻远瞩地预测了未来形势，决定要她以交换生身份去美国读书。

余藻虽然觉得父母实在是好高骛远，但是怎忍心打击他们膨胀的好心，只好每日奔赴新东方学习，准备托福考试。

余藻本来是没什么兴致，只是不忍辜负父母的那些银子，可是第三天她就发现了新大陆——那个坐在靠窗位置的阳光男生，不是金融管理系的阮晨吗？他怎么会在这？

阮晨，彼时已经大三，有着让所有刚入校的女孩子仰慕的沉静和深沉，不过却带着一丝高傲，如从神话里走出来的阿波罗。阳光从身旁的窗口斜射进来，他逆着光，仅仅一个侧影就能让女生着迷。

余藻的确着了迷。

她第一次觉得上语言课如此有魅力，一种从未有过的晕眩和幸福陡然滋生出来。

虽然阮晨还不认识她，可是那有什么关系，余藻的心里已经酿起了蜜。

2

2013 年，在西南 W 大学门前只有 335 路公交车能到新东方学校，这是一路非常不靠谱的公交车，前后发车的时间间隔在 10 分钟到 20 分钟不等，是让人崩溃的一路公交车。

余藻一般下午结束课是在 4 点半，新东方的课是 6 点，车程时间要 40 分钟，再加上等车时间，如果吃晚饭就来不及。所以，余藻一般都是在下课后匆匆忙忙直接冲出西南 W 大的大门，直奔公交车站。

精神力量大于一切，不吃晚饭也没关系，因为，常常还能遇见阮晨。偶尔在车上跟他站在不远的距离，连夏日傍晚的凉风习习都变得那么浪漫和富有诗意。

阮晨终于注意到余藻是在一个雨天。余藻打着伞跑到公交车站点，正好 335 路公交车刚刚启动离开。车里的阮晨恰好看见一个女生从西南 W 大校门冒雨跑出来，急急地挥手追着车猛跑。阮晨于是对司机说，师傅麻烦你停一下，我的同学刚跑过来。

师傅从后视镜里看到一个女孩子淋着雨在追车，便动了恻隐之心，停下车。

余藻气喘吁吁上了车，说谢谢师傅。师傅笑笑说，感谢你的同学吧，是他看见你在跑。

余藻这才擦了擦满脸的雨水，看清楚站在身旁的正是阮晨。

余藻突然很后悔，自己的狼狈被他全数收到眼底。可是，阮晨热情地跟她攀谈起来。

“我好像在哪里见过你。”他说。

当然，事实是，我们天天见。余藻没说。

余藻后来顿悟了一件事，苦肉计的确是个非常非常有奇效的兵法。看来以后要继续用，常常用，一定会战无不胜、所向披靡。

3

新东方的课程变得生动有趣起来，余藻的生活也变得空前兴味盎然。不过，余藻是个好动的姑娘，在课堂上不能像阮晨一样心无旁骛地学那些字母。余藻觉得闷时会偷偷拿出画笔，画了好多画，当然，现成的模特是阮晨。

但是阮晨告诉余藻，他喜欢的偶像是影视演员刘亦菲，每次提及刘亦菲，他的眼中都会闪出很多小星星，余藻觉得那些小星星变成了无数萤火虫，在她的眼前飞呀飞，无论如何挥之不去。可是，余藻显然离神仙姐姐相距甚远，她活泼有余，仙气不足。

该怎么提升自己的气质呢，想来想去，咖啡馆向来是文艺聚居地，应该可以熏陶自己吧。于是，余藻每周末都会去学校附近的那家咖啡馆。读的都是女作家的书，三毛啦，张爱玲啦，张小娴啦，当然还有如影随形的画笔、画纸和笔记本电脑。她很了解自己，一时半会儿还学不会几个小时连续打坐，为了解闷，手痒的时候可以画画和上网。

爱情果然能催生灵感，余藻没想到，某天自己在咖啡店里突然灵感来敲门，写了一首诗，然后，自己又画了一副配图。

余藻的心里已经着了火，火光烈烈，可是阮晨仍是沉静如海，毫不知情。所以余藻很烦恼，在咖啡店里一个人修炼的时候会跟自己发脾气，少女心爆棚的她于是在某天编了个童话故事，恨恨地将阮晨变成了故事里那个讨厌的动物。她敲得笔记本电脑键盘咔咔直响，哪管引来旁人侧目。

4

余藻在喝第 30 杯咖啡的时候，才注意到那个每天给她送咖啡的人。

他的眼光深邃又沉稳，脸上的笑容却暖如春风。

余藻接过咖啡说："谢谢。"

他微启薄唇，粲然一笑："你叫余藻吧，你画的画儿很可爱。"

余藻讶然。

他叫苏以诚，三年前大学毕业，就职于某家汽车杂志做设计。某天开车经过西南W大，恰好看见妹妹和这个女孩勾肩搭背从学校大门出来。这家咖啡店是他和朋友一起经营的，从那之后，他便常常过来，并且亲手给这个女孩端上咖啡。

苏以诚喜欢和她聊天，喜欢看她画的画，甚至喜欢听那些她自己编的，觉得很滑稽很好笑的童话。他鼓励她说，你很有这个天分，继续坚持下去，别放弃。

余藻说："你是不是在说，你是我的'粉丝'？"

苏以诚开怀大笑，当然，我是你第一个"粉丝"，也会是最后一个。

余藻有时候想，要是阮晨也能跟她这样聊天该多好。

那个夏天很快就过去了。余藻和阮晨在新东方的学习也进入了尾声。

阮晨如愿以偿地考取了普林斯顿大学读硕士，而余藻毫无悬念地托福考试失败，没能获得作为交换生去美国读大学的资格。

余藻几夜失眠，终于决定还是要在阮晨离开前告诉他，自己一直喜欢他，她会继续努力，争取尽快到美国，和他在一起。

5

已经是夏末，西南 W 大又迎来了一年一届的毕业典礼，阮晨作为学院优秀学生代表在典礼上讲话，台下是无数双仰慕的目光。

余藻跑了很多家服装店，终于买到一件看起来符合神仙姐姐气质的连衣裙，又去理发店打理了头发，化了好长时间的淡妆。犹如披上战甲，余藻坐在台下鼓起勇气给台上的阮晨发了短信：阮晨师兄，我有很重要很重要的事情要找你，毕业典礼之后我在礼堂的后门等你，不见不散。

像是完成了任务，在发完短信之后，手机居然没电了，自动关机。余藻如释重负地松了一口气。

之后，她便离开座位，弯着腰穿过人群，悄悄跑出去绕到礼堂的后门。

时间一点点过去，居然下起雨来。

余藻没带雨伞，却不敢到别的地方避雨，担心阮晨来了会找不到她，她只好淋着雨等他。可是直到天色暗下来，阮晨仍然毫无踪影。

雨越下越大，学校里已经看不到人，黑魆魆的树木影子凶神恶煞地对她发威。余藻浑身淋透，瑟瑟发抖，又冷又怕，只好跑回宿舍，拿起毛巾擦脸上的泪水和雨水，然后换上衣服倒在床上。她开始发烧，昏昏沉沉睡去。第二天早上被饿醒，睁开眼才想起手机没电，给手机充好电，才发现那条信息的发送状态是发送失败。

也就是说，阮晨根本没收到那条短信。

余藻哭了，从无声抽泣到惊天动地。

此时此刻，阮晨应该已经在飞往普林斯顿大学的飞机上。

终究还是错过了。

可是即便没有错过，余藻究竟不是他心里的那个神仙姐姐。

6

阮晨走了，余藻对语言又开始迟钝，那个通往世界之门变得不再神奇。她本意压根不想冲出那个世界之门，此后便更无兴致。

她倒是习惯了喝那家店的咖啡，她和同学去过别家店，发现根本没那个味道。所以，她想或许那个苏以诚在咖啡里放了咖啡因也说不定，要不然她怎么会上瘾。

余藻大病了一场，之后再去咖啡馆，好长一阵子没有再遇见苏以诚。可是她习惯了到那里去写写画画，把自己心事都编成了童话。

大三那年秋，她照例在咖啡馆里享受一个人的时光，却因为有急事匆忙离开，不小心画稿落在座位上。未料，此后，她迎来了人生的春天。

余藻几天后接到了一个陌生电话，是省儿童剧院的舞台编剧何宁，他约余藻见面谈创作儿童舞台剧本事宜。

何宁是苏以诚的朋友。苏以诚从国外病愈归来，恰好那天回到咖啡馆，看见余藻落在座位上的画稿。他看了良久，之后便去找了何宁。

7

每个人都有无数的潜能藏在身体里，余藻很幸运，她的这份不自知的潜能被开发了出来。从大三开始，余藻便成为省儿童剧院的合作编剧。

看着自己创作的故事在舞台上被演绎出来，余藻觉得，这个世界美妙得不可言说。

2018 年，余藻已经是一位成熟的儿童作家及编剧，她创作的童话剧在儿童剧院场场爆满，她的童话故事绘本英文版摆在普林斯顿大学所在的新泽西州书店里。

2018 年深秋，苏以诚陪余藻回西南 W 大学参加 60 周年校庆，余藻见到了久违的阮晨。此时的阮晨已经移居美国，在学术上成绩卓越，此番回国是受西南 W 大邀请回母校做讲演。

余藻远远地望着台上的阮晨，没有走近。

这座城市刻在她心上最凛冽的记忆便是雨，阴冷而缠绵，浸入骨髓，滴滴渗出浓烈的寒意。

多年以后，她终于释然。那弥漫着潮湿的暗夜，恍如黑白照片，定格在遥远的岁月。相对于今日满园芳菲，已然毫无生机。

云来云往，终成往昔。余生将成陌路，一去千里。

相对于从前父母的预设，她更喜欢当下的人生和现在的自己。

世上的错过，一定是为了与美好和惊喜相遇。

辑四

余生很长，谢谢你一直捧场

你的美好，如期而来

1

她在淘宝上看了又看，找了又找，已经找了一个星期，别家都没货，只有这一家有货。《周杰伦典藏限量版黑胶唱片》价格：1200元一套。她咬着牙，嘴里咒骂着下了单。

真是要了我的命！

不用想，接下来又要吃很多天泡面了。

小蕾将下单的截图发给我，又发了一连串表情图过来。哭泣，哭泣，还是哭泣。

我笑笑，又有点儿揪心。

“哎，小蕾，我是该称赞你固执呢还是该数落你固执呢？一定要坚持买黑胶，就不能跟你心里的小公主通融通融吗？”我说。

“我心里的公主就只听黑胶，听别的找不到感觉，我又能怎么样呢？唉，这样的性格简直要把我自己逼疯了。”她又发来一连串表情图。崩溃，崩溃。

“为了写那些稿子，那些根本赚不到钱的音乐稿，我都花了不知道多少了。可是我必须得听啊，我必须用自己的耳朵去碰撞那些音符，才能感知它们的独特魅力。你知道那是不一样的。除了黑胶，别的唱片或者软件真的让我无感，毫无表现力。我必须对每一个歌手负责，要知道我都喜欢了他们多少年呢！那是我整个的青春啊！我的前半生都在里边了，我又怎么能敷衍呢！所以，硬着头皮买吧！”

“小蕾，你最新一期的音乐稿现在被转疯了，知道吗？”

“哈，还没来得及知道，现在知道了。所以你想说的是，有付出就有回报，是吗？”

“对啊。”

“可是你知道吗？即便全世界支持我，许威也不会支持我，我们拜拜了。”

“啊？为什么？”

“大概还是因为我的单眼皮，也大概是因为我喜欢黑胶，而他不喜欢。多奇怪，他和许巍就差一个字，我猜他是嫉妒许巍，才不喜欢我和音乐搭上关系。哈哈。”

小蕾在调侃，我知道，她心里已经泪如雨下。

2

是小蕾先喜欢上许威的。

那个有些傲慢的，走路带风、英姿飒爽的许威第一次走进学校的演播厅，整个演播厅的灯便立刻暗淡了，演播厅里立刻变得寂静，刚才还在叽叽喳喳的几个女孩已经不由自主噤了声，目光都齐齐地看向他。

站在台上的小蕾眼睁睁看着许威就那样步履稳健、从容潇洒地向她走来，在她身旁停住，转过身来，面向黑暗中的观众席。

她觉得心中有万马奔腾，一种从未有过的感觉在升腾。

她立刻想起《重庆森林》里的那句话——“我们最接近的时候，我跟她的距离只有 0.01 公分，57 个小时之后，我爱上了这个女人。”而他们最接近的时候，两个人距离约等于 1 公分，3 秒钟之后，她爱上了他。

这，有点儿太快了。她自己也知道不应该。但是，传说中的爱情来得就是很不讲道理呀。

“好，许威，这是你的朗读词，何蕾，你们先对一下节奏。”旁边的老师走过来递给许威一个文件夹，许威拿过去认真地翻看朗读词，又抬头冲她一笑。小蕾这才意识到自己一直在给他行注目礼。想起台下观众席还有好多同学和老师在准备排练，她立刻低下头假装看自己的朗读词，心里懊悔着，不要被所有人看光才好。

台下的同学应该都在羡慕她吧，羡慕她有这样的好运气，能够跟传说中最温暖的师兄合作节目。要知道，许师兄可是学校里的风云人物，学校广播电台的当家主持，学校里的女生无不被他的醇厚嗓音所痴迷。

小蕾也不例外。以前只闻其声不见其人，今天当她邂逅这春风洋溢的面孔，当这温暖又熟悉的嗓音就近在咫尺，她的心里乱了。

他在身旁的这种殊荣让她受到了鼓舞，小蕾发挥也相当出色，所以两个人第一次的合作非常完美，老师甚至对小蕾赞叹有加，称赞她音色极好。

没有人注意到，小蕾的脸色一直绯红，额头上的汗就要成为溪流，还有她的手全程都在轻轻颤抖。

他们的那次合作获得了比赛冠军，也因此小蕾走入了许威的视野。

3

我知道他们恋爱的事是因为许威发了这样一条微信朋友圈——“多奇怪，我从未想过有一天会和一个单眼皮的女孩谈恋爱。”

我在微信上向小蕾表示了祝贺。可是小蕾发来消息说：“我如果是个双眼皮就好了，其实许威喜欢的是双眼皮呀！”

我笑说：“他又不是喜欢你的局部。”

可是没多久，小蕾就打算去做双眼皮手术。我陪她去了医院，美容大夫仔细琢磨了半天，说：“姑娘，你这是丹凤眼，做手术存在风险，角度一旦有偏差，未必会比现在漂亮。”

小蕾于是泄了气，又不甘心，于是每天化妆都贴双眼皮胶，做出个双眼皮的效果来。然而，如医生所言，并不比她的单眼皮漂亮。可是，如此，她便能给自己一些底气了吧！

深陷爱情的小蕾也愿意为了许威改变自己，只是她一直没有改变对音乐和黑胶唱片的热爱。在大学时代，捉襟见肘的她就买了一个唱片机，勤工俭学赚来的钱都用来买黑胶唱片了。当然，这些都遭到许威的反对，许威的想法也没错，现在都什么时代了，什么歌什么曲听不到，随便下载就行的啊。可是小蕾只是笑着摇头：不，只能是黑胶。

“你这是小资的奢靡，知道吗？”许威严厉地说。不止一次。

“我知道的，我知道。”小蕾连连承认错误。

可是，或许是屡教不改的小蕾终于让许威倦了。大学毕业后小蕾并没有如许威所期望的，去一家体面的公司做文秘或者白领，而是选中了一个半自由的工作——为某音乐杂志写稿。那家音乐杂志已经半死不活，就快倒闭了，小蕾负责杂志每个星期的《音乐主打歌》栏目，每一期推出一个重量级的歌手，关于他的新专辑、他的代表作、他的音乐风格。小蕾乐在其中，许威却每每发怒。小蕾的工作环境就是一个不到 20 平方米的外墙破旧的小工作室，她大半天时间在工作室听新专辑，其余时间在家里写稿子。

大概也不是钱的问题，许威就是看不惯小蕾每次都激动地买回一堆黑胶唱片，那些东西她自己当成宝贝，在他眼里却一文不值。

他无数次跟小蕾吼：“能不能做点儿有意义的事？这个世界已经不再如从前。”

小蕾沉静地说：“是的，一切都已不是从前。”

许威在追着潮流，小蕾却跟不上节奏，仍然只是怀旧。她又想起《重庆森林》里的那句话——“不知从什么时候开始，一切都有了日期。不知道从什么时候开始，在每一个东西上面都有个日子，秋刀鱼会过期，肉酱也会过期，连保鲜纸都会过期。我开始怀疑，在这个世界上，还有什么东西是不会过期的？”她一直为这句话而感怀，没想到，此时此刻，这句话对于她多么合适。

香港音乐的光辉岁月没了，黑胶的黄金时代没了。一切都有了保质期。

4

接下来的一期专栏稿子里，小蕾写下了这样的话：“黑胶唱片，在某种意义上代表了最原始的纯粹，保持着原声音乐固有的品质和高端。没有被污染，没有被损坏，没有被这世界矫饰，是一份值得珍惜的纯真。不论世界如何变迁，它都是这个时代留给我们最珍贵的礼物。”

“你最棒了。”我说。

如此倔强的小蕾在她认定的路上不屈不挠，孤单又快乐，总归会有一个懂她的人出现。

谢家楠的出现我一点儿也不意外，倒是他的出场方式让我有点儿惊讶。

他是在互联网上看到小蕾写的第一篇音乐稿子之后就关注了这家

杂志的公众号。他从小蕾的文字中读出了她对音乐的深深热爱，深受感染。她的稿子重新勾起他对曾陪伴他整个青春的香港音乐的怀念。每次她推荐的歌曲，他都会单曲循环直到下一期，他为这个女孩着迷。他查到了她的微博，了解到为了更好地感知那些音乐，她每次都要自己去买黑胶唱片，之后便是节衣缩食，长久地吃泡面。他为这个女孩感动。

所以，在某一天，在小蕾公司里出现了一个来推销黑胶唱片的年轻人。小蕾听到有人来上门推销黑胶唱片，价格还是市面价格的三折，欣喜若狂，一股脑全都收入囊中。小蕾加了年轻人的微信，因为他说他家里有很多新的未拆封的黑胶唱片，是之前家人开唱片店剩下的，现在转手要卖。这个年轻人叫谢家楠。

谢家楠见到了这个欢喜雀跃的单眼皮女生，她的笑容很甜，她的声音很甜，她的一切都很甜，连骂人的语气都很甜。他知道，他的黑胶时代因她开始了。

之后，他们恋爱了。

“香港音乐黄金时代已经消失，大家都在写热点，就我一个人在写无人问津的乐队和歌手，在追忆从前，拿着微薄的报酬。你说，我是不是有点儿不聪明？”小蕾问我。

“你不是有点儿，是非常不聪明。但是这世上就是有人喜欢不聪明的女孩。比如你的谢家楠。”我说。

“还有，也有人喜欢单眼皮。比如我的谢家楠。”小蕾笑。

5

情人节，小蕾在微信朋友圈发了个截图，是谢家楠的表白——

“我要把全世界的黑胶都屯为己有，因为你喜欢。”

“全世界的黑胶时代即将终结，而我和你的黑胶时代刚刚开始。”

这个年代，还这样固执地守着自己喜好的人真是异类。

可是，喜欢就好。

我俯身感谢所有星球的相助，让我遇见你

1

“你都看到了吧？我给她主持了婚礼！给她和宗明！他们的婚礼！（广东话）”岳川在电话里跟我说。

“是的，我都看见了，岳川。你是不是在喝酒？”我正和朋友喝茶，几个女孩叽叽喳喳，我不得不开了免提大声对着手机说。

“你在哪里？跟谁在一起？你没事吧？”我对着手机喊，旁边立刻安静下来。

“我没事，我当然没事，哈哈！（广东话）”他又哭又笑地说。

“岳川！岳川！”我有点儿担心，在电话里喊岳川的名字，可是他已经收了线。

我再拨过去，一直是：“你所拨打的号码无人接听。”我不知道

是不是他已经醉过去，倒在桌上。

“岳川是谁？”她们问。

“我的一个师弟，刚刚给她喜欢的女孩主持了婚礼，崩溃了。”我说。

几个女孩默默向你逝去的爱情默哀。

“他不会真出什么事吧？”她们问。

“我也很担心。”我说，“可是现在联系不上他。”

我又找了几个人问，他们都不知道岳川的去向。

半小时后，有个陌生电话打进来。

“你是葵姐吗？”是个女孩。

“对，我是，你是？”我诧异地问。

“女侠。你来认领你的朋友吧，一个醉鬼。我的地址是南京路22号临江酒店。我看见他手机上有未接来电，显示了名字和号码，但他手机有锁，我只好用我的手机打给你。”她说。

“哦，太感谢你了。我现在就去。”

于是，我的朋友开车载我去了临江酒店，在那，我看见了醉倒的岳川和一个清秀的姑娘。我们费了好大劲儿才把他弄上车。那姑娘一脸冷静地站在一旁看。默默地看着，一言不发。

我说：“谢谢你啊。姑娘。”

“没事，告诉他也别太伤心了，这种事我看得多了。没什么的。

没缘分，再纠结也没用的。”她淡然地说。

“好的，谢谢你了。”我说。

“不客气。我就是积德行善，流浪的小猫小狗我看见也是要管一管的。”她微微一笑，眉眼立刻变得明媚。

我笑了。“还是得谢谢你。”我说。

故事简单得不能再简单，也狗血得不能再狗血。今天是新娘谢小梵和新郎宗明的大喜之日，我的师弟岳川喜欢了谢小梵六年之久，谢小梵拒绝了他，嫁给了他的发小。谢小梵是因为他认识了他的发小，也就是说岳川实际上是他俩的月老，所以他就好人做到底，义无反顾地主持了他们的婚礼。

多么让人悲伤的故事。朋友在车上频频回头看后座上瘫软的岳川，连连叹息。

“看路，小心点儿开车！”我说。

岳川在微信朋友圈发了一条消息。是陈粒的那首歌《比我幸福》——

请你一定要比我幸福

才不枉费我狼狈退出

……

放心去追逐你的幸福

别管我愿不愿孤不孤独

都别在乎

……

朋友隔几天问我："你的那个师弟怎么样了？"

"没事，他只是会病一阵子，自己会治愈。"我说。

2

我后来看见了谢小梵的婚礼视频，我关注的不是新娘和新郎，而是让人心疼的主持人岳川，因为只有我目睹了他在盛大喜宴落幕后的落魄。那个在舞台上玉树临风、意气风发的岳川脸上的笑容和那个夜里脸上布满泪痕的画面在我眼前不停交叠，我怎么也不能让二者重叠到一起。可是那却是真实的。舞台上的他，普通话中间偶尔穿插广东话，偶尔还来几句广东口味的英语，气氛尤其火辣。那舞台灯光太过耀眼，他的头发、他的眼眸被笼罩在一片光晕之中，也泛出氤氲的剪影，那是旁人不知晓的眼中隐藏的水汽所致。

这豪华的婚礼喜宴，这喜气洋洋的宾客，这光彩夺目的舞台，这烈日，这红毯，这蓝天白云，无一不在祝福这对新人永结同心，从此幸福一生。相对于这一天全世界的祝福和厚爱，岳川实在是个太渺小的存在，没有人会有余力去穿透他的外衣看到他那颗千疮百孔的心吧！

岳川以为自己掩藏得很好。有些秘密只有他和新娘知道，就在一周前，他第三次向新娘求婚，第三次遭到了拒绝。

谢小梵说："对不起，岳川，我真的不能嫁给你。因为，你知道，我得找个靠谱的人，我得找个依靠。而宗明，我父母都觉得他是个靠谱的人，是值得我依靠的人。谢谢你一直喜欢我。"

"我怎么就不靠谱了？"

"你觉得呢？毕业这么多年了，你一直在做什么？跳槽。你有稳定下来吗？跟你在一起我没有安全感。抱歉。"

是啊，这么多年他干吗了？他也在问自己。

岳川失眠了整夜，检讨了自己。的确，他自己也承认自己的不靠谱。

家乡人都说，你英语专业毕业，不去做翻译可惜了。

只有他自己知道，他的英语是广东口音的英语，他没法埋怨自己出身于山村，从小没有很好的口语基础。当年他只是好运一时眷顾，阴差阳错地考了个好成绩，顺利进入华东师大外语系。可是他又不太珍惜，并没有付出全部努力去改善自己的口语，口语成绩一直平平。毕业之后又恰逢国家形势有所变化，英语专业毕业发展非常受限。去做翻译呢，肯定是做不了啊，一说话广东口音就露馅了啊。所以，他也只能一边找工作，一边做做少儿培训班的英文老师。拿了几个月工资之后，他又很心虚，觉得于心不忍，不敢误人子弟，又辞了这份工作。这几年来他一直在找工作，换工作，跳槽。

当然地，他被父母骂没定性，是他们口中的不靠谱青年。所以，谢小梵说的也没毛病。

不过，这些年来他有一件事做得非常好——主持。有人说他就是天生的主持天才，那自然是因为他那让人惊讶的浑厚嗓音。只要他一张口，立刻让人耳目一新，甚至有人说他可以当配音演员。

岳川也曾想过去电台、电视台，怎奈专业不对口，他特别后悔自己没有考播音专业。

也只能是想想吧！岳川躺在床上，双手抱着头看窗外的月亮。

“谢小梵说得没错，我的确是不靠谱。不过，我难道没努力吗？”他觉得自己释然了，可以去主持他们的婚礼了。他以为他自己掩藏得很好，没有人知道他心中的秘密。可是，还是有人看出了他的心事。

他主持完婚礼，从台上走下来，他的步伐看起来很轻松，他的笑容看起来很灿烂。正当他就要走出大厅侧门，忽然看见侧门门口有个女孩一直抱着肩膀冷眼看他。那女孩虽然冷着眼，却很雅致，穿着淡蓝色小礼服。他想起来了，刚才见过，是谢小梵的伴娘。

“你这婚礼主持得不怎么样。”女孩毫不客气地说。虽然很小声，但是还是让岳川很惊讶。

“为什么？”

“因为你心里不真诚。”

“我怎么就不真诚了？”

“你就是不真诚，因为你心里有秘密。”女孩不屑地笑笑，然后向舞台走去。

岳川的脸涨得通红，秘密被揭穿，他觉得受到了侮辱。看着她的背影，他咬了咬牙。

3

岳川不久又给好朋友在同一家酒店主持了婚礼，很凑巧的是，又遇见了那个清冷的女孩。女孩仍然是新娘的伴娘。

“怎么哪都有你？”女孩说。

“这话应该我说的，怎么哪都有你？”岳川很气愤地说，上次的仇他还没报。

不过岳川开始有了点儿兴趣，他很好奇，该不是他的好朋友的新娘闺蜜都是她？这太逗了啊。于是他在微信朋友圈发了一条消息，以后朋友们的婚礼主持的事他都包了。

半年内，岳川又连续主持了三场婚礼，发现那女孩真的都是伴娘。他觉得事情不对劲，在最后一次见到她之后，将她拽到角落里逼问。

“你是不是跟踪我？怎么会那么巧，我主持哪场婚礼你都是伴娘？”

“我凭什么告诉你？”

“我请你吃饭吧。”他豁出去了。

“吃海鲜。”

“可以。”岳川简直要疯了。真是奇了怪了。

“那还差不多。”女孩不紧不慢地说。

女孩在吃饱喝足之后才慢慢悠悠告诉他实情。

“这是我的工作，我就是专职做伴娘的。”女孩一边喝饮料一边说，她微笑着的唇角有一丝戏谑。

“什么？”岳川差点儿没呛到。

“我和婚庆公司签的合约，这家酒店和另一家酒店是我们婚庆公司的合作伙伴，只要是这两家大酒店的婚礼，我都当伴娘。因为现在好多人因为各种原因，来出席婚礼的人不多，伴娘更是不好找。我其实是影楼的化妆师。”

“喔。”岳川觉得这事情越来越好玩了。

“居然还有这种职业？职业当伴娘？”

“是啊。因为小时候学习不好，我很早就不读书了。我就会化妆，考了技校，学了化妆，然后就一直在影楼做这个咯，有空的时候就做伴娘。”女孩咯咯笑了。

岳川仔细打量她，眉眼清雅，笑容甜润。

“你还是很漂亮的。”岳川也不知道怎么就夸起她来。

“这个不用你夸，我自已知道。我从 14 岁开始就有人追，一直排长队。”她一边啃蟹肉一边说。

“漂亮的女孩都不靠谱。”

“你才不靠谱。”

戳到了岳川的痛处，岳川沉默了片刻。

“我现在认识到不读书的害处，可是已经晚了。我现在拿到高级化妆师证书了，还会点儿摄影。我一直梦想将来能开家影楼，能拍婚纱照那种。”

“很美的梦想。”岳川顿了顿说。

“哈，先想着，万一将来实现了呢！”女孩憧憬地看着窗外。

“谢谢你的大餐，为了这顿大餐我才给你讲我的故事。”女孩心满意足地说。

“谢谢你。”岳川说。

接下来，在若干次别人婚礼上的邂逅之后，有一天岳川问女孩："我的婚礼不缺伴娘，缺个新娘，你可不可以来当？报酬是我一生的身家。"

4

我在岳川的婚礼上惊讶地认出来，新娘就是岳川醉倒那夜给我打电话的女孩，她的名字叫安妮。

"安妮，我的宝贝。"岳川这样称呼他的新娘。

岳川在微信朋友圈亮出他的结婚证，还有他的电台主播证书。

"离你的梦想越来越近了。真好！"我说。

5

岳川发在微信朋友圈的那段话是这样写的：

我的爱情无人认领，在无限待机中。

而你恰好轻轻降落，带着你的太阳能。

我俯身感谢所有星球的帮助，让我遇见你，我的彩虹。

越过千山万水，
最浪漫的事是与你重逢

1

雨天。

余小墨刚被闹钟叫醒，正在挣扎中，就听见手机微信提示，有消息发过来了。

划开手机屏幕，是一个熟悉的“粉丝”小蕊留言给她：

“小墨姐，我又发现盗图的啦，这次居然是个很大的公众号盗了你的图哎！我截图给你看。”

余小墨立刻坐了起来。

她都不用将截图放大，一眼就认出是自己的画。自己的孩子自己怎么会不认识呢？

“小墨姐，这可是你刚发布的套系动图，这么明目张胆地盗图，还有点儿王法没有了！”

“我看这公众号真是不想活了。”小墨冷冷地说。

“我已经给那公众号留言了，警告他们摊上大事了。”

“谢谢你，小蕊。多亏了有你们，要不全世界欺负我，我都不知道。”小墨说。

“嗯，我们是你最忠实的保卫者。小墨姐负责出好作品，我们负责捍卫你和你的作品。”小蕊说。

“好的。”小墨说。

余小墨搜索了公众号“另生长”，点开最新一篇文章《你是我最漫长的心动》，在下边留言——我是你文中配图的原创作者，请速与我联系，否则后果自负。我的微信是××××。

半个小时后，小墨的微信上有人加她好友，微信名字是“我是另生长的运营”，她给通过了。

这位运营在对话框里显示的名字是“朗朗余生”。

朗朗余生：“你好，小墨。”外加一个微笑的表情。

余小墨：“我和你不熟，请叫我余小墨。你盗用我的图是犯罪，知道吗？那是我辛辛苦苦花了几个小时画的，没理由让你随便拿去用。这么不声不响地盗用别人的图给自己贴金，你们大男人这么欺负女人，好意思吗？”

朗朗余生："真是抱歉，是我不对。事实上我是很想先跟你联络的，但是我根本找不到你的联络方式。"

余小墨："哦，你还有理了？找不到就是理由了？告诉你，不可以！！！！！！！！"

她连敲了一排惊叹号。

朗朗余生："那你看我删掉图可以吧？"

余小墨："鉴于你情节这么恶劣，我不能这么简单饶过你。删图是一定的了。还不够。"

朗朗余生："我赔罪。不打不相识，你的要求我都满足，你说吧。"

余小墨："一，微博微信公开道歉。二，赔偿损失费3000元。三……"

余小墨想了半天，又发过来："第三我还没想出来，想出来了再告诉你，你先执行前两项。"

朗朗余生："可以啊，如果执行完可以请你吃饭吗？以后或许还得用你的图。"

余小墨："你还想盗用没完吗？"

朗朗余生："付费行吗？我只要你的图。"

余小墨："为什么？我每张都要收费的。"

朗朗余生："没问题呀。"

余小墨："那，好吧。"

朗朗余生：“谢谢你。”余小墨不知道他笑了，很开心地笑。

余小墨发了个趾高气扬走掉的表情。

朗朗余生很守信用，当天就在微博和微信公众号同时发了一篇道歉短言，并且要了小墨的支付宝，给她转账 3000 元。

朗朗余生的速度让小墨很满意，她毫不客气收了 3000 元。然后截图发给“粉丝”小蕊看：“如果能多遇上几个这样的盗图公司，还是不错的啊！”

朗朗余生在晚上发了一条微博——“我有预感，将会爱你永生。”

2

朗朗余生隔天又发信息给小墨，问她以后可不可以只给他一家公司供图。

正在喝饮料的小墨差点儿没呛到。

余小墨：“你公司很有钱吗？我每张都很贵的。”

朗朗余生：“我打算尽量节约别处的开销，留出这部分资金。”

余小墨：“哦，看不出你还是个阔绰的老板。”

朗朗余生：“不算阔绰，就是我知道有些东西很珍贵。”

余小墨："可是我不能保证每天都有时间给你们画啊，我很忙的。有很多画得好的原创作者。"

朗朗余生："画也需要投缘，你的风格很符合我们公司的定位。"

余小墨："那好吧。"

朗朗余生："可以请你吃个饭吗？为了感谢你百忙之中帮我们的忙。"

余小墨："也不是啦，我也没亏待自己。"

小墨居然脸红了。

一周之后，朗朗余生约小墨在枫林三月咖啡店见面。

枫林三月，小墨一点儿不陌生，就在她毕业的大学校园外，上学的时候没少去那里。只是毕业后同学们早已各奔东西，她便没有再去了。

小墨踏进店门，径直朝约定的那张桌走去。有个人背对门口坐在那里，应该就是朗朗余生了，小墨放慢脚步，他的侧颜让她想起一个人。

她的高跟鞋终于停在他身旁，他转过身来看她。

"小墨，好久不见，别来无恙！"他微笑着站起身来，压抑着心中的激动。

"沈明朗？你是——朗朗余生？"

"终于见到你，小生有礼了。"沈明朗作了个揖。

“天！真是好久不见。不对，你知道是我，你是……故意的吧？”余小墨疑惑地问。

“哈哈。”沈明朗笑了，不置可否。

“你这恶作剧，赔了这么多钱，就为了……恶作剧？”余小墨不解。

“我的确盗用了你的图啊，我理当赔偿。你一直在坚持画画，今天的成绩我替你开心。”沈明朗微笑说。

“你也很不错呀，有了自己的公司。”小墨笑。

“那我们是不是可以一直合作下去，直到……天荒地老？”沈明朗半笑着说。

“我有预感，将会爱你永生。”他吞吞吐吐地说。

“我有预感，将死于你的垂青。”余小墨立刻说，给了他一个白眼。

3

作为校友，作为一个能纳百川的树洞，很凑巧地，沈明朗和余小墨先后都找到了我。

我很激动，因为我等这一天已经太久，我曾经觉得他们之间应该发生爱情。

“既然这么喜欢人家，为什么等到今天才找人家。”我问沈明朗。

“因为，你知道，从前的我，应该没什么资格向她表白。我怕我的表白死于非命。”他笑着说。

“胆小鬼。”我说。

“你知道，大学的时候，我是个不讨喜的男生，小墨那么优秀，身边有很多追求者，众星捧月的公主哪里能看得见我的存在。所以，我只能在很远的地方默默地喜欢她，就已经很满足了。”他幽幽地说。

几个小时后，余小墨对我说的话跟沈明朗如出一辙。

“我大学时候暗恋的一个人，没有想到今天我们以这种方式再次见面。”余小墨说。

“哦？你一直暗恋沈明朗？”我很诧异。

“是啊，我一直暗恋他，可惜他从来对谁都爱理不理，对谁都很疏远。我呢，对追求我的人都没感觉，偏偏喜欢他。哎，替我保密啊，丢人。”余小墨趴在桌上赌气地吸着果汁，一股脑吸了半杯进去。

我觉得事情变得有意思起来。

两个相互喜欢的人彼此不知道对方暗恋自己。

“可是你一直很努力。”我是这样对沈明朗说的。

“是啊，努力变优秀，希望有一天配得起公主，获得她的爱情。”沈明朗说。

“可是你一直很努力。”我对余小墨说了同样的话。

“对啊，我希望将来能够跟他同样优秀的人比肩。”余小墨说。

“我想，你是时候去表白公主了。”我对沈明朗说，“别让公主再次跑掉了。”

沈明朗同学这次果然鼓足勇气去表白了。他认真准备了个发言稿，背了下来——

余小墨：

很抱歉，以这样的方式和你邂逅。因为我想让你重新认识我，现在的我。

我很开心今天能够坐在这里坦然地跟你说这些话，这是从前的我做不到的。因为我觉得我还配不上拥有你的美好和爱情。

你不知道的是，我暗恋你很多年，从大学起。我第一次见你就被你的笑容震撼到了，那是雪融后的春天里第一缕笑容，那个瞬间甚至让太阳失色。这么多年过去了，我一直记得你的笑容，每每遇到挫折，脑海里想起你的笑容，就觉得没什么大不了的，天塌了都不怕。你的笑容给了我很多勇气，虽然你自己并不知道。

还有你的画，你发表的每一幅画我都收藏了，储存在我的电脑里，我专门建了个文件夹，被我命名为“墨墨画作集”，请原谅我未经你同意就用了这样的称呼。

大学毕业后，我辗转去了几家公司，起初是给公司运营微博和微信公众号，后来我索性辞了职做起自己的微信公众号，后来成立了一个三人组成的工作室。几年来尽了全力经营，现在有了个不太大的团队，从前很窘迫，现在至少可供自己和心爱的人温饱。几年间我换了很多工作，只有一件事一直做到了现在——爱你。尽管你毫不知情。

你画的画儿真是太美好了，静态的，动态的，我都爱不释手。我已经盗用你的图有一段日子，先说声抱歉。但是即便被你告，我也是很开心的。那样你就会主动来找我了。

你可以画遍整个世界，我只要你的一笺山水，便好。

“沈明朗，其实，我当初喜欢的是你，你这个笨蛋。”余小墨喜极而泣。

4

我披荆斩棘，我的脚步从未停息一分钟。

想做你的英雄，想走进你斑斓的梦，如长夜期盼遇见黎明。

越过千山万水，我做过的最浪漫的事便是——与你重逢。

微笑的大多数，谁不曾历尽沧桑

1

据说姚念是个渣女。

姚念的名字还被光荣地音译为妖孽。

这个妖孽最终被鉴定为渣女据说还有个历程，这个历程以她和天才前男友曹胖子两年的爱情落幕为起点，一直到一年后他们二人各自有了新恋情为终点。

曹胖子是大家公认的天才，出身于高干家庭，潇洒俊逸，某科技大学毕业，在一家大型电子元件公司任首席工程设计师。更为厉害的是，他不仅拥有智慧的头脑，还有一颗玲珑心。自幼饱读诗书，李白、杜甫、白居易，顾城、海子、徐志摩，随口吟诵，信手拈来，随便来一首便摘得姑娘芳心。

姚念便是在大四快毕业之际被曹胖子摘得的一支玫瑰。

能够被曹胖子青睐，同学们都很艳羡。彼时的姚念既不是校花，也不是“学霸”，只是一朵稍显平凡的玫瑰。对于她和曹胖子相恋这件事，大家想当然的是，她一定是用了什么手段才俘获了曹胖子那温情满满的心。

而实际上，曹胖子对姚念生出情愫，只是因为在那次毕业汇报演出舞台上，姚念弹了一首古筝曲《高山流水》。舞台上的她只在头顶上方编了一圈细细的发辫，其余头发随着她的动作自由飘洒，她的腰肢轻轻摇摆，她的手指或弹或拨，她的眉头或舒或蹙，她的嘴角或弯或翘，她的酒窝忽隐忽现，她的长睫毛忽闪忽闪，哦，他在幕布后边看得呆了，立刻爱上了她的美妙。

于是，曹胖子在演出结束后将爱慕他的女同学送的鲜花扔到了垃圾桶，径直去追姚念——这个连看也不看他一眼的姑娘。

“嘿，姚念同学，能不能拜你为师，教我古筝？”曹胖子气喘吁吁地说。

“你怎么知道我的名字？”姚念奇怪地问。

“当然，连老师名字都不知道，还怎么学艺？”他笑着说。

然后呢？然后，曹胖子学艺没学成，恋爱谈成了，曹胖子本来也不是真想学艺。

接下来，曹胖子的微信朋友圈里经常出现的镜头是两个人或古装或现代装，曹胖子吟诗，姚念弹曲。评论区总是一片沸腾，高山流水，一曲流连，悠然见南山。

如此琴瑟和鸣的情侣忽然一日分手，如晴天霹雳在微信朋友圈炸开，于是各种猜测纷至沓来。于是，姚念便很快被质疑为渣女。

公众通常是如何评判呢？当然是从他们分手之后的表现来判断。

姚念的朋友说，两个人的分手是因为曹胖子感情开了小差。可是很少有人会相信，因为分手之后曹胖子明显很悲伤，夜夜宿醉，又写徐志摩又写顾城，非常颓废，甚至有自杀的端倪，弄出好大的风波。

而姚念只是沉默，没有解释，没有悲伤。偶尔发个微信朋友圈，也只是必要的每月总结和例行的工作上的宣传图片。两个月后她的微信朋友圈已经一片岁月静好，根本看不到任何对往日的追忆。

所以，当然的，甚至原来少数相信姚念的人也推翻了之前的判断，觉得应该还是她的错吧。

尤其是，很快姚念便有了新男友，刚刚回国不久的一家上市公司前驻外总监。联想到他和姚念之前在工作上有过往来，大家更加一锤定音，证明了姚念是个水性杨花之人。

“曹胖子说的就是对呀，果然错在姚念，渣女！枉费了曹胖子一往情深！”大家都这么说。

然而，真相却是——

玫瑰虽美，红艳有加，尖刺锐利。

曹胖子越来越觉得自己需要的是一个能够完全听命于自己的女孩，一个愿意服从于曹家的女孩。而姚念，显然是一个非常有思想和个性的姑娘。恰好，在某个机缘下，曹胖子又认识了一个主动愿意听命于他的女孩。他便立刻陷入了和这女孩的狂热的爱情之中。

他对姚念说："对不起，念念，请相信我爱你，我爱过你。"

姚念只是含泪一笑，转身离去。她的身影仍然很曼妙，她的高跟鞋踩地板的韵律仍然很美妙。

曹胖子在她身后深深叹息，冲她的背影高喊："你就没有什么想对我说的吗？你就不能挽留一下我吗？其实我还是很爱你的！喂！姚念！你真是个妖孽啊！我怎么觉得现在更爱你了？"

于是，正如大家看到的，他夜夜宿醉，仍然弹古筝，弹起那首《高山流水》，在午夜歇斯底里地又哭又笑又吼叫。"妖孽，我爱你！你回到我身边吧！"

曹胖子应该是个很优秀的演员，遗憾的是，妖孽没有再回到他身边，他也没有和那个女孩在一起，而是，他不久又有了新女友。

2

“你这个妖孽，就感觉不到痛吗？”坐在高高的座椅上，我小心翼翼地问她。

“谁都会痛吧！”她转脸，眯起眼看向落地窗外。

“你看这些行人，又到了一天结束的时刻，每个人都步履匆匆。可是谁又能知道有多少人的内心正在经受着煎熬呢？可是经受着煎熬又能怎样？仍然还要清晨早起、傍晚归来，每天都有每天的使命，也还是要去完成的吧！这个世界的确有幸运的人，可以尽情放纵自己，可是大多数还是沉默的大多数，这便是成长的代价。我的心很忙，没闲暇理会创伤。”

我望向窗外，天上云朵变幻莫测，夕阳的余晖穿透云层，街上行人匆匆。大多数都一脸微笑，可是正如姚念所说，那位正要过街的老者，谁又知道他的心里曾历经多少沧桑，谁又知道那位轮椅上的阿姨刚刚经历怎样的病痛，只有几个少年骑着单车在路上淘气地嬉笑，恐怕还是处在无忧的年龄才露出这般纯真的笑吧！

3

姚念是个大忙人，所有人都知道。

她忙什么呢？

说不好，反正她总是没空，永远没空。大家都这么说。

别人忙的时候她在忙，别人不忙的时候她也在忙，即便是失恋了她也在忙。

新入职的时候大家都忙着融入新集体，她总是不紧不慢，并不急于在新集体里刷存在感。她像朵流浪的蒲公英，四处飘荡。

某一天，有人邀请姚念加入了一个业余志趣小组微信群。这个群非常活跃，姚念有两天没点开，那天收到新消息提示有人 @ 自己，才发现两天时间群聊天已经达到 1500 多条。姚念点进去便看到了那条消息，原来是群主 @ 所有人说，群里氛围不能破坏，半个月不说话的群成员就会被踢出去。

“踢就踢吧。”姚念自言自语说。真的没有余力每天浪迹在江湖。

有人发言说：“为了能不被孤立，为了有事的时候大家能捧场助阵，每天都要抽时间来群里聊上几句，刷个脸。”

有人又附和群主说：“你潜水你就是大神了？”

“没错哦，每天打卡就是耽误我成为大神了。你的时间以天、周、月和年计算，而我是分秒必争。”姚念又自言自语。

果然，姚念很快便被踢了。

“很好。”她笑了。

4

五一放假期间，父母出国去旅游了，姚念没有回家。

放假第一天，她照例早起洗漱完去买了早餐，吃完背上包下楼，在楼梯上遇见了隔壁程玛丽穿着睡衣一脸惺忪地拿着快递上楼。

“哟，这是干吗去啊，姚姐姐？”程玛丽懒洋洋地说。

“听说华东路新开一家书店，我去转转。”姚念微笑说。

“今天放假啊，我的姐姐，这年头都用 kandel 了，人人都看电子书，谁还去书店啊，大过节的，多无聊啊，我约了人去逛庙会，一起吧！”程玛丽打着哈欠说。

“哦。”姚念愣了半天，才说，“不了，我觉得逛庙会挺无聊的。”

她“噔噔噔”下楼去了，程玛丽很不痛快地高声说了句：“老古董！

现在居然还有这么迂腐的年轻人。”

姚念当没听见，快步走到路边，拦了辆的士。“华东路书店。”她说。副驾驶旁边的后视镜里，程玛丽鄙夷的目光非常刺目。

程玛丽是新同事中的灵魂人物，姚念拂了她的好意，显然会受到责罚。

姚念是个渣女人人皆知，姚念的新恋情自然也受到了抨击。程玛丽常常会在周末组织大家一起休闲，一起玩乐，一起聚餐，新同事俨然已经成为一个很有力量的小团体，只是，姚念常常不在。

“姚念我是请不动的，她特别清高。”程玛丽这样说。

“她很忙的，还是不要请了。”她加了一句。

“她忙什么呢？”别人问。

“非人类的事，谁知道。”她总是鄙夷地一笑。

只是，姚念像不知道一样，仍然按照自己的节奏忙着。

只是，姚念每天的工作都有亮点，每周都能交上优秀的设计案，每月都能系统自动生成一份漂亮的月报，领导总是很满意。

“你难道不知道霸道总裁爱上女下属的故事？”程玛丽一边吃着零食，一边这样说。

程玛丽一边鄙夷，一边探究，姚念究竟在忙什么。

经过认真考察，她得出结论——姚念其实也不是很忙啊，她学习也不是 24 小时，工作也没有加很多班，休闲、娱乐她一样也没少。她只是跟大家的节奏不同。

程玛丽开始频繁地来隔壁，借口找另一个同事玩，她见过姚念听音乐的样子，整张专辑地听，仿佛置身于星空下、浩瀚的宇宙里，沉醉到不知道有人在旁边看她、审视她。

她也听英语，一边听英语一边洗漱和吃早餐。她还买很多书，学术书和畅销书都有。

程玛丽搞不懂姚念，都大学毕业了，有了很好的工作，还这么好学上进干什么。

可是半年后她就懂了。

5

那个冬日早上，她刚到公司便看到姚念在收拾东西。她想起两天前刚开完公司大会，这周会下达裁员命令。姚念一定是被裁掉了，她心里有点儿幸灾乐祸，立刻觉得脚下轻盈，身体轻飘飘的，连腰肢都扭得更加婀娜起来。她在自己座位上坐下来，从包里拿出粉饼盒打开来佯装补妆，从粉饼盒上方的小镜子里观察姚念的一举一动。

没一会儿，人力总监拿着一份文件走到姚念面前，让姚念签字。

有好戏看了。程玛丽放慢了动作，盯着镜子里的姚念。

姚念潇洒地签了字。人力总监却微笑着伸出手来，姚念笑了一下，也伸出手握住他的手。

“恭喜你呀，姚念，加油！等你回来。”人力总监紧紧握了一下姚念的手。

“谢谢！我会回来的！”姚念笑着说。

什么情况这是？程玛丽觉得不对，眼睁睁看着姚念送人力总监走出去又回来，拿起东西对大家说：“感谢大家，跟各位就先再见了！”

“等你回来啊，姚念！”大家都站起来说。还有人上前拥抱她。

程玛丽忽然觉得自己成了多余的人，她是那个唯一不知道公开秘密的人。

原来，姚念已经顺利升职成为公司驻外办事处经理，即将启程奔赴新的工作岗位。

原来，姚念已经积累了足够的资本，破格提前踏上下一个人生征程。

而每日潇洒的程玛丽在三个星期后接到了人事处的裁员通知。

6

姚念后来在微信朋友圈里写道——

很多人觉得我不够合群，我的确不是很合群，不过，我喜欢我自己的不合群。否则，我就成为不了我自己。至于别人说什么，我的心很忙，没有闲暇顾及。无论人生如梦还是人生如戏，都需要我自己去导演，去一点点编织，无人能够效仿，别人也无法代替。

要做这世界的头号玩家，就要比所有玩家都努力。

我也曾历经沧桑，我也是微笑的大多数之一。

也曾失恋，也曾萎靡，可是我不怕流言蜚语，我必须很快崛起。我很忙，忙着成为我自己。

亲爱的姚念，人间落雪，而你是夏日初阳。祝福你！

你只负责精彩，上天自有安排

在 2017 年愚人节那天，从纸媒到网络，那条爆炸性的新闻铺天盖地，某女高管在婚介公司三年相亲 43 次，上缴费用 70 万元，结果被骗无果，此女觉得不公，已将婚介公司告上法庭。

很好很好。

楚小涵看到这条新闻便咧开了嘴角，简直就是及时雨啊，多么血淋淋的教训摆在那里，只要把这条新闻甩给老妈，便足以证明相亲是多么不靠谱。

1

文艺青年楚小涵，心理学硕士，某大牌杂志情感专栏作家，是众人仰慕的一颗星，可是只有家人知道，她的情感生活一直是个难题。

屈指一算，两年的时间里，她神通广大的老爸老妈已经给她安排了十几次相亲活动。相亲有时候甚至盛大而隆重，双方出席人数加起来十几个人。可是，即便再隆重，最终也是无果。

她恨极了相亲这种方式，不知道是谁如此才华横溢，发明了这样一种折磨人的程序。偏偏她爸妈还特别上瘾，不辞辛苦地到处呼朋唤友，为的是能尽可能多的淘到优质资源，他们加入的微信群比她还多，朋友圈越扩越大，社会活动比她还频繁。她甚至怀疑，这两年她爸妈的花销那么大，该不是都是为了给她找优质男友的公关费吧。

楚小涵根本管不了这对老顽童，只警告一句："不准跟对方说情感专栏作家虞紫兔就是我楚小涵。"每次他们都信誓旦旦地保证肯定不会说，可是每次相亲见面，对方的开场白都是："你就是虞紫兔啊，你太厉害了。"所以，每次她都想掉头就走，却又怕被对方乱传播，毕竟自己的另一个身份是公众人物，只能无奈地强颜欢笑，善始善终完成任务。

所以，此刻这么大的新闻简直就是炸药包，恰好家里已经又有了预警，她老妈昨天打电话说又给猎到一个很好很好的资源。有多好呢？楚小涵没兴趣听，只知道对方姓苏。

楚小涵回到家将手里的报纸抖开，义正词严地说："不去跟这个姓苏的相亲了。”未料，楚小涵的武器装备再威力巨大，也不及他老爸心脏病的“尚方宝剑”有杀伤力。他老爸没一会儿就躺卧在沙发上，虚弱地跟她老妈说：“救心丸，快！”楚小涵立刻缴械投降，无奈地说：“行了，老爸，我去就是了。”

2

有一种爱情叫青梅竹马，还有一种爱情叫一见钟情。

无论是哪一种，都足够让人觉得幸运和不枉此生。可是这两种爱情楚小涵都不曾与之相逢。楚小涵在过往的人生中情感经历屈指可数，恋爱两次，均惨淡败北。

大学毕业后，楚小涵在一家广告公司做文员，不久和招商部的陈戈开始了办公室恋情。

陈戈衣着光鲜，出手很阔绰，是传说中的富二代，据说家里的豪车不下五辆。大概侯门深似海，所以在相处八个月的时间里，他没带小涵去过他家里。办公室恋情是藏不住的，所幸，公司还是很人性化，并没有因此而责难他们两人。楚小涵一度以为此生等待的人就是陈戈，陈戈已经跟同事们暗地里表示，很快就会跟小涵求婚。却未料，在一个深夜，他打来电话说，他最好的哥们出了车祸九死一生，被120送到医院抢救，需要立即办手续交手术费和住院费，可是他银行卡里的钱款前几天刚用空，这么晚了不好打扰他爸爸，问小涵卡上有没有20万元救急，明天他再给小涵转账回来。

性命攸关，小涵立刻上网给陈戈转账20万元，可是转完之后陈戈便人间蒸发，再也联系不上。小涵无论如何不能相信，山盟海誓深爱自己的陈戈居然是诈骗犯，什么富二代，什么豪车，都是他自己虚构出来的。

小涵报了案，两周之后，陈戈和其犯罪同伙被缉拿归案，20万元如数追回。

20万元完璧归赵，小涵的心却碎了。她付出的不仅仅是高额的人民币，还有感情和尊严，那是无价的，无以补偿。

楚小涵已经没有颜面在公司继续工作下去，便辞了职，她妈妈一度害怕她赋闲在家会想不开，寸步不离地守着她。

小涵开始渴望了解人的内心世界，也想重新认知这神秘的人生，在辗转反侧两个月后决定报考心理学研究生，经过艰苦卓绝的半年多奋战，终于如愿考上了理想学校。

3

某一次她在互联网天涯社区看到一个帖子，一个女子哭诉自己的悲惨爱情经历，深陷情网无法自拔，下边跟帖的人很多，但却都没能说到点子上。小涵于是写了一个长长的回帖，未料这个帖子真的帮女子解决了长久以来的心结，之后，她终于告别过去，开始了新生活。她连连回复帖子，感激涕零。帖子火了，没几天下边有个人跟帖说，他是某杂志编辑，想邀请小涵来做情感专栏。彼时小涵还不知道，她的人生就此掀开了新篇章。

万物循环，小涵以自己的知识和思想来为他人答疑解惑，每每深入思考，每次心路历程，又让她对这个世界、人生、爱情有了更深刻的认识。所以，她更坚定了自己的信念，爱是自然生长，不能拔苗助长。她不急于将自己匆匆嫁出去，一辈子那么漫长，那个人终究会来，多等些时光又有何妨。

偏偏皇上不急太监急，她最受不了的就是老爸老妈那恨嫁的眼神，让她无处遁形，就如同那孙悟空，即便在外面的世界千般精彩，在如来佛祖手心里也折腾不出去，褪去光鲜，她还是那只小猴。

所以，在老爸的速效救心丸的威慑下，作家虞紫兔又被打回了原形——大龄剩女楚小涵，仍然以一种最烂俗、最不齿的方式寻找爱情。

真是添乱。这位海归大周末的不约见，却约在最忙碌的周一中午。楚小涵皱着眉头看腕表，计算着，她至多20分钟就必须打发海归走，不然就不能按时到开发区参加下午的重要会议。从这里到开发区，开车需要近一小时的时间，并且每到周一必堵无疑。

楚小涵踩着高跟鞋匆忙奔向约好的酒店，翻出老妈的微信，找到三层最里间雅风阁，快步走进去。

雅风阁是个半敞开的隔断间，每个桌位都被竹林掩映，所以，从竹林的缝隙，楚小涵隐约看到了第25桌旁的那个身影。

她不由得站定，深呼吸。她又看了一下老妈的微信，没错，是第25桌，是苏先生。

她突然间犹豫起来，突然间觉得血向上涌，脸红心跳，久违的眩晕忽然涌来。

真有这么巧吗？

她不知道该怎样跟他打招呼。是说：嗨！苏文，好久不见！还是说：嗨！苏文，我是你的小学妹，可惜你都不认识我……

曾以为今生都不会再见了，却未料在七年之后再遇，居然是以这种方式。难道冥冥中真的有一条隐形的红线，牵着她和他？一个人所受的最大伤害莫过于被自己最喜欢的人伤害。她暗恋他多年，他浑然不知，今天她若跨出这一步，便等于踏入炼狱，永世不得解脱。她很惶恐，她清晰地预见到他对自己的杀伤力，所以，在历经坎坷之后，怎敢轻易靠近。

所以，楚小涵想悄悄溜走。她刚要转身，手机响了起来，那铃声突兀而响亮，引来众人侧目，苏文望见了她。

是老妈。楚小涵无奈地说：“我到了，到了。”

“那就好，一起去看个电影啊！”老妈殷勤地说。

看个头啊！楚小涵一边心里嘀咕，一边换上微笑硬着头皮向苏文走去。

苏文已经猜到这姑娘就是楚小涵，他站起身微笑颔首，给她拉开座椅，亲切地说：“小涵是吧？我是苏文。”

“你好。”小涵笑笑，坐下来。

“我好像在哪见过你。”苏文一边思忖，一边说。

你当然见过我，只不过，我当时是丑小鸭，请你最好失忆。小涵在心里祈祷。

“你的专栏我看过，很喜欢。”苏文这样说着，小涵的心却开始不安。

“事实上，你专栏第 215 期提问的那个读者就是我，所以我们有过交流的喔，以杂志为证，瞧，我都带来了。”他又说。

苏文从包里拿出一本杂志，打开来，找到小涵的专栏。

“原来 Vincent 就是你！”小涵惊愕之余掩面失笑，“天，好巧！”

“是的，好巧，我刚回国半年多，前几天我表姐神秘地说有个姑娘让我见一见，本来我是没什么兴趣，不过她说是虞紫兔，我便立刻来见你了。原来我们是同一个大学毕业，只不过我大四的时候你才上大二，所以没能有交集，不过，我们似乎很有缘哦。”苏文爽朗地笑起来。

那一刹那，小涵觉得阴雨连绵的五月瞬间就变得晴空万里。

苏文怎么会知道，她此刻心里的澎湃。她在他面前，曾是胆小的、怯懦的、永远藏起来的隐形人，他曾是耀目而璀璨的星，是很多姑娘心中的偶像。所以，她只能远远地偷偷地望一望他，如同欣赏风景，然后自惭形秽，远远地走开。

不可思议的是，她居然以自己最不齿的一种方式，邂逅了她的爱情。

所以，爱情与主角的出场方式真的无关。

4

某一天，小涵在杂志的官方微博上提了一个问题：“假如告诉男朋友，自己曾经暗恋他很多年，他会不会恃宠而骄？”

一小时后微博就收到留言：“这个女朋友居然隐瞒事实真相，实在应该板子伺候。Vincent。”

七月，杂志的专栏停刊了一次，因为虞紫兔去度蜜月旅行。

与你执手，在河之洲

一个阴郁的夏日午后，在某咖啡厅里，一位年轻女孩和男孩第一次见面，便有了如下对话：

女：你懂音乐吗？

男：不太懂。

女：那我们好像不志同道合啊。

男：可是你不只是个写代码的吗？怎么和搞音乐的志同道合？

女：你不会懂的，那拜拜吧！

女孩起身便走了。

男孩一脸蒙：这什么情况？

1

女程序员梁西西唯一一个择偶标准便是男孩要懂音乐。她固执地认为，敲字符和写音符是一样的。都是敲键盘，都是一样的。

所以，梁同学很一厢情愿地要找个志同道合的搞音乐的伴侣，至少要很懂音乐，否则余生那么长，拿什么来滋养爱情和婚姻?

梁同学对音乐的热爱要追溯到中学时代，在大学她还和朋友们组建过一支乐队，所有人都必须承认一个事实，就是她很有音乐细胞。但遗憾的是她的头脑太强大了，相对于学音乐的前途不可测，高中时她的父母最终还是决定让她学习理科。当然，她也用实力证明了父母的选择没有错，她很轻松地考入某科技大学，毕业后又很轻松地被一家大型互联网公司录用，当了程序员。

程序员其实是个很傲人的职业，非一般人能做，但是女程序员，怎么说都好像有点儿怪怪的，这个社会似乎还不能普遍接受一个女孩比男孩还厉害。

她也曾埋怨过父母，选择了当程序员她便没有了实现音乐梦想的机会。但是她一路走来也还算顺利，大学期间受尽了宠溺，想想都要偷着乐呢！

大学四年，计算机系 04 级 1 班共 32 名同学，男同学占了 30 个，也就是说，只有两个女同学。物以稀为贵，对于这两位仅有的异类，男生们的心自动自觉地学会了柔软，对她们两人就如同保护大熊猫一样。她虽然不如别的系花那样美貌如花，享受的却是别的系花都享受不到的超级公主待遇。打饭、打水、占座，日常从未少过男同学的呵护，护花使者们自动轮流值日，排班顶岗。过节，过生日，礼物、惊喜一个都不能少。当然有几个男同学有过小暧昧，还有一两个表白的，但是都被傲娇的梁西西同学拒绝了。

大概是大学那四年她享尽了恩宠，所以才会有后来感情之路崎岖。她有时候会这样想。可是她就是希望能有个懂音乐的人和她相爱。

她也承认自己很奇葩，别人写代码都觉得枯燥得不得了，她写代码的时候却总是很有激情，戴着耳机，听着音乐，嘴里还念叨着“啊啊啊哟嘿嘿……”她有自己的理论——不想当作曲家的程序员写不好代码，可惜一遇代码误终生。她敲下的那些字符便是音符，她看得见它们在五线谱上跳动起舞。

梁西西刚毕业时，在每份简历上都加粗醒目地标注着“大学期间曾成功组建过乐队”。她曾一度觉得能荣幸地被这家公司录用一定是因为她的这个优点，后来才知道，领导根本不知道她曾经辉煌过。领导倒是称赞她对代码有超出一般人的感悟力。

哼哼，假如是称赞我对音符有超好的感悟力，我会比较激动。这个嘛，呵呵，本姑娘本来就这么优秀，这乃家常便饭。她只是挑了挑眉毛在心里念叨。

不过这家公司实现了她的夙愿倒是真的。

2

梁西西来这家公司是因为追随一个人。

大三的时候，一个偶然，已经在业界小有名气的师兄朱尧回母校并做讲演。他在台上做着激动人心的讲演，她在台下激动地望着他，那一刻她决定毕业之后也要考入他所在的这家公司。彼时，听说朱尧与女友刚刚分手。

既然做不了音乐家，那追随喜欢的人做个快乐的“码农”也很好。

一年半后，梁西西毕业，如愿以偿顺利进入公司，不过她不是在朱尧所在的北京总部，而是在宁波分部，并且听说朱尧已经有了新女友。她非常郁闷，但是，在同一个公司，总是会再见面的吧！她这样想着，果然，三个月后他陪同公司领导来宁波，他们在聚会上见了一面。他微笑着端起酒杯向她走来，她却诚惶诚恐。

“是小师妹？欢迎你呀！”朱尧举高酒杯示意跟她碰杯，她赶紧端起手中酒杯跟他的酒杯撞了下。“师兄好！请多关照！”她红着脸说，心里却有无数个鸟儿在欢喜雀跃。朱尧和西西攀谈了许久，聊到母校，聊到校友，聊到未来。他对她很热情，可是她很清醒地意识到，这是不带一丝感情的那种热情。

可是他就是她的梦中人啊！她不想放弃。那时候西西总是唱起王菲的那首《梦中人》。就在那天聚会后大家唱 K 的时候她还主动唱了这首，她嗓音很好，获得大家的赞扬。朱尧也夸她嗓音甜，可是他不知道，她其实是给他一个人唱的。

很凑巧的，没多久，朱尧也被总部派到了宁波。可是，他是有女友的，她也只能远距离地用目光追随他。

再后来，西西又被调到了广州分部，很快朱尧也被调去广州考察三个月。

经过一连串的调动，西西觉得这一定是命运安排，让她一次又一次靠近他、走向他。可是，他却已经准备订婚。

在听到朱尧要订婚的那晚梁西西失眠了，她觉得她不能错过。

第二天清晨朱尧推开家门，便看见一袭粉白长裙的梁西西站在门口。风将她的长发轻轻吹起，她静静地立在那里，像一株带着露珠的睡莲。

“我喜欢你，很久了，朱尧。”她压抑着激动的情绪说。

“哦，西西……可是，我已经有未婚妻了。”他惊讶的表情让她很受伤。虽然她已经做了很好的心理预设，却还是受伤了。要知道，这些年她一直是系里的“掌中宝”呢，也是公司领导重用的潜力股。其实如果论实力，还说不上谁能赢过谁呢，毕竟她长了个智慧风暴大脑。

可是此刻她败下阵来。

“你难道不是对我有好感，才不断来我的城市？”她委屈地说。

“真的不是哦，真的只是巧合。”他抱歉地解释。

“这世上有那么多巧合吗？”她哭着跑下楼。

可是她不得不承认，这世上还真就有那么多的巧合。他本无心，造化弄人。

她很崩溃，几个小时后便辞了那份人人趋之若鹜的工作。

而朱尧，如期在三天之后订婚，更是在几个月后结婚。

只是梁西西还是一个人，狼狈的一个人，她觉得她是时候回老家了。她退了租住的房子，拖着行李箱，拦了的士奔往机场。她归心似箭，她想立刻见到父母，还是爸爸妈妈好，即便被整个世界嫌弃，也不会被他们嫌弃。她买好了回家的机票，却在登机的前一刻反悔。

还是不要让父母看到此刻狼狈的自己吧！不如去旅行吧！去完成

另一个久远的夙愿——去香格里拉。那也是她的梦想之一，不如此刻就去实现。

于是她改签了机票，换了目的地——香格里拉。

3

梁西西没有想到会在香格里拉遇见爱情。

梁西西感叹于香格里拉的壮美，更在这里发现了新大陆。

她在民宿的小茶馆喝茶的时候，注意到有个年轻人拿着笔记本一直在敲啊敲，从她坐的位置只看得见他的背影和侧影，看不到他的脸。一连两天，他从早上敲到晚上，梁西西已经出去逛好几个来回了，回来的时候他还坐在那里一动不动地敲。

不用猜，必是“程序猿”。只有“程序猿”才这样傻乎乎地忘我工作。到哪都能碰见同类！梁西西心里好笑地看着他，像看一个怪物。

梁西西只是轻轻在心里笑着他，他却好像看到了有人笑他一样，忽然就四顾张望起来，眼睛扫过西西，西西赶紧假装喝茶，躲避他眼睛的扫射。

不过，西西还是看清了，此人还算儒雅，却单单留了不长不短的小胡子。那双眼睛一边思考，一边在找寻。

找什么呢？好像也没什么目的地在找。西西在心里揣测。

没一会儿，他居然径直走到西西面前，对西西说："你好，请问我可以用这个电源吗？我的电脑没电了。"

西西这才明白，原来这个呆鹅是在找电源。她将自己的充电器从电源上拔下来，说："好。"

于是，这位呆鹅就搬着他的笔记本来到了西西旁边，于是，西西就清楚地看见了他的电脑屏幕。

这位呆鹅显然还是初级水平，敲的那些代码频频出错，西西想笑。

"你这有错误呀！这里，这里，这里，都是错的，这样的代码写完程序能用吗？"西西实在忍无可忍，只好说出来。要知道班门弄斧羞辱的不是弄斧的人，而是鲁班！

这位呆鹅的表情由惊讶转为惊喜，再转为狂喜。

"哇哈哈哈！我就知道能找到你，我就知道！哈哈！"他"啪"地合上电脑，走到吧台点了两杯茶，又转回来。

什么情况这是？西西有点儿懵。

两杯茶的功夫，这位呆鹅将自己的前世今生赤裸裸都呈现在西西面前了。

这位在法律界小有名望的优秀律师尹逸君，在某一天忽然厌倦了黑白世界，厌倦了自己的职业生涯，勇敢辞职，准备做一个互联网创业者。他正在寻求合作伙伴，他对这些还很生疏，要找一个会写代码的人。

但是这个人又不仅仅只会写代码，应该还是个感性的人。他一直向往香格里拉，并且固执地认为，对香格里拉向往的人，一定有美好的情结。他需要一个对美对自然有某种情结的合作者。

“我知道此行一定会找到，却没想到是个姑娘。”尹呆鹅兴奋地说。

他没想到的还有，在遇到这个姑娘的第一个夜晚就对她产生了爱情。

他没想到的还有，他会在后来和这个姑娘一样，一边嘿哈一边写代码成为日常。

他没想到的还有，这个姑娘在接下来的两年里成功帮他创建了一个独具风格的互联网平台，三年后，他们做的互联网平台已经得到融资，渐渐晋升为一个有影响力的新锐互联网平台。

他没想到的还有，他会在未来的两年后，从不懂音乐到为这个姑娘写了一首歌。

他没想到的还有，这个姑娘在此后的第四年秋天成了他的新娘。

“你对于我，是必然，也是偶然。”他说。

“这便是冥冥之中自有天意吧。”她说。

4

杏花微雨，草木多情。

一阙长歌，音符与字符共舞。

阅尽千帆，岁月温柔。

与你执手，在河之洲。

余生很长，
谢谢你一直捧场

亲爱的托尼哥哥，好久不见！

此刻的我耳机里正放着 Justin Rutledge 的《Kapuskasing coffee》，温柔的旋律和贾斯汀深情的嗓音让我无法不想起你。我多想这乐曲穿越苍穹到达你耳畔，让你感受到我此刻心跳的频率。

一想到你，我心里的幸福就会如雾气慢慢蒸腾，整颗心都变得绵软，被雾气缭绕，生出丝丝缕缕的甜蜜。尽管你可能毫不知晓。

可是，我会因这份幸福而心绪激荡，湿了眼眶。

1

你一直是我的偶像啊。我还是第一次告诉你。

能成为我的偶像并不容易，你知道的，我的朋友们的偶像都是大明星，周杰伦，许巍，李健，还有许许多多。我承认这些偶像都很出色，他们天赋异禀，是不同凡响的唱作天才，拥有相当高的人气。可是说到底，他们再优秀跟我似乎也没有太大关系，在我的小小世界，他们也不过是个点缀而已。所以，我并不觉得他们可以做我的偶像。倒是托尼哥哥你，从小就是我当之无愧的偶像。

我们算是青梅竹马，可是我们的爱情却一开始就被判了死刑。在不准早恋的年纪，我们私下里是兄妹相称的。这背后的原因有些一言难尽，不知为什么我们两家有些恩怨。我的父母和你的父母本是同学，我们在他们的同学会上总是会碰面，他们也会在一起吃吃喝喝，但是私下里却都默契地不准我和你走近。我那时候总是觉得大人的世界好复杂，你总是像个大哥哥一样拍拍我的肩膀说：“他们或许有自己的道理，或许我们长大就会懂得。”

可是我这么多年来一直没有懂，也不想懂。

我只知道，我的青春都被你一个人填满。每当我有危难，你总是能实时救场。

作为一个网瘾少女，高中时代的我因为没有身份证，经常要求你带我去网吧玩。因为比我大两岁的你是有身份证的人啊。当然，也免不了有一两次被突击检查网吧的警察叔叔带到派出所录口供。我吓得面如铁灰，瑟瑟发抖，看着你淡然地回答警察的盘问。

“多大了？”警察问。

“18 岁。”你说。

“她多大了？”警察又问。

“我妹妹 16 岁，我带她来玩的。”你握住我发抖的手说。

“未成年人不准来网吧，不知道吗？”警察又问。

“我错了，警察叔叔，下次不带妹妹来了，她胆子小，是我不好，不会再带她来了。”你诚恳地说。

“好吧，看你态度好，就不通知你家长了。以后不要来了。再来就通知你学校和家长！”警察声色俱厉地说。

我一直记得那个冬夜的晚上，外面飘着雪，你带着我从派出所走出来，经过正要收工的路边摊，空气中弥漫着的烤串香味还没完全散尽，你看了我一眼，对摊主说：“老板，给我烤 10 个羊肉串。”“好嘞！”老板愉快地应了声，迅速地回身从后边的菜盆里拿出 10 支肉串，放在面前长烤箱的壁炉上，又给烤箱加了火，那火苗舞动着，被风吹得火花四溢。老板手脚麻利地翻动着手里的肉串，像变戏法一样，肉串很快就变了颜色，再一会儿，老板一边大声说“来喽”，一边把一把肉串塞到了你的手里。

你立刻抽出两串递给我，说：“小心，烫，先吃两串！”你欢快地说。

“好吃。”我一边贪婪地吃，一边说。

“就知道你饿了。”你笑着说。

那一刻有细小的雪花轻轻飘落，烤肉串的烟雾还没散去，在夜空中久久盘桓，而你的笑容在这一刻竟然让我看得有些痴了。

有托尼哥哥，真好。我当时心里第一次这样想。

之后，便不止一次这样想。

很幸运的，我考上了你所在的大学。当然，我是不会承认我是蓄谋的。毕竟，那所大学是我们全省唯一一所好的大学，人人趋之若鹜，我报考是当然的。但是，我承认和你还是有差距的。我考上是超常发挥，而当年你考上是失常发挥，这就是“学渣”和“学霸”的差距吧。不过，结果是一样的，英雄可以不问出处。

我自己也未曾想到，刚上大学就疯狂迷恋上民谣，我和几个民谣的狂热爱好者组建了乐队。我们精心准备了跨年会演节目，却没想到我们乐队出了叛徒。在跨年会演上场的前一天，吉他手加入了另一个节目组。我于是去找你，能不能以你学生会主席的威严帮我们找个吉他手。你淡淡地说，这时候了，到哪去找人？可是没一会儿，你就带着吉他来到排练厅。我们几个人惊讶地看着你走进来，步履稳健地走到谱架旁坐下，一边看谱子一边弹起来。弹了好一会儿我们才反应过来，兴奋地跟你和音。我第一次发现原来你还真是个全才。第二天的跨年会演中，我们的节目顺利夺得“当晚最佳”和“最具人气”两大奖项。

大二那年，我看了许多青春片，觉得也应该像电影里一样度过自己的青春，也应该自食其力，不再依靠父母，于是也找了一家餐馆打工。没料到在一个雨后的秋夜，在刚走出餐馆不到500米的长巷子，就被一个穿着雨衣的男子尾随。我感觉到了危险，害怕极了，拨了你的手机，你说你已经在来接我的路上。果然，两分钟后我看到了骑着单车的你，而那个已经就要追上我的男子转身而逃。

所以，你就是来拯救我的天使吧！我不止一次地这样想。

2

我也总是觉得一定会嫁给你。我没理由不这么想，因为我觉得，你也是喜欢我的，可是你总是否定。

“你是不是喜欢我呀？”我厚脸皮地问。

“喜欢，是喜欢妹妹一样的喜欢。”你说。

“你确定这么纯洁？”我说。

“当然。”可是你说的时候不敢看我的眼睛。

“那你这么关心我，是纯粹的兄长对妹妹的关心？”我双手捧脸，眨着眼装可爱地问他。

“你还小，还不懂爱情。等到你再长大点儿，有了爱情我就自然不用保护了。”你躲避我的眼神，看着远方说。

我也只是不屑地笑笑，便扬长而去。毕竟，我也是潇洒的。毕竟，追求我的人排着长队呢！

可是我没想到你真的就这么做了。你真的就放任我，不再保护我了。你毕业后成为 ×× 电视台的海外记者。海外记者意味着总是飞来飞去，哪里有危险去哪里。哦，我于是害怕看新闻，我不想知道世界今天哪里发生了战乱，明天哪里又爆发了什么危机。我不想知道你又在世界的哪个危险角落发回第一时间的报道。于是我每天祈祷世界和平，以从未有过的虔诚。我甚至渴望当一个世界和平大使，因为或许世界和平大使能有让世界免于战争和危机的权力。

“你变得格局好大，世界人民和世界局势需要你，我这一个小小个体不劳您费心顾及。”我发消息给你。

你发了哭笑不得的表情。

既然你有这样的大格局，那我也不可以差到哪去。向来不服输的我于是开始准备考雅思，我要去国外留学。可是“学渣”离“学霸”究竟还是有一大段距离。我真的废寝忘食、拼尽全力，第一次没悬念地失败了，第二次才通过雅思考试。我终于来到你常驻的加拿大，却是在多伦多，和你常驻的温哥华城仍然还有 1000 千米的距离。

不过，我欣慰的是，你还算有点儿良心，你担心我初来乍到陌生的国度不适应，特意请假五天飞来多伦多，帮我安顿好才回去。

刚到那里，我很想念家乡，想念父母，更想念你。起初的几个月非常艰难，因为没有朋友，又听不懂老师讲课，我经常一个人偷偷哭泣。但是还是不想像公寓里同住的留学生一样懒散，我学会了独处，也让自己变得自律。我报了很多课程和活动，将自己的时间填满。并且，我学会了做饭。从最简单的炒蛋做起，几个月后我已经俨然成为大厨，不过，可能是 18 级的。然而，说到这里要用转折，然而，我非常开心，因为我已经学会了独自生活的能力。

那段时间常常能接到你的电话和微信。你总是跟我聊天，问我的学习情况，问我的喜怒哀乐和饮食起居，并且还鼓励我。我觉得我们又回到了从前，我的贼心又蠢蠢欲动。

于是我问你："我们能恋爱吗？"

"不能。"你很干脆地说。

"为什么？"我说。

"没有为什么，就是不能。对了，我师弟下学期来实习，我给你们介绍一下。"你的脸上不带一丝笑意。

"你是来真的？"我咬着嘴唇说。

“当然真的。”你说。

“好吧。算你狠。”我决定开始恨你。

可是那晚你离开的时候在我的楼下站了好久，手里的烟头火光闪烁，在夜色中那么清晰。

于是我和你的很帅的师弟见了面。他高高瘦瘦，气质儒雅，显然是众多男留学生里能迷倒众生的那个。

“我哥托尼说我们可以成为情侣，很合适。”我说。

“我很早就知道你，我其实很早就很喜欢你。”他很认真地说。

“那你慢慢喜欢着，我先试着喜欢一下试试。”我说。

但是，非常遗憾，我试了一下，我的心不答应。

后来，我想独立，不想用父母的供养，自己去打工，你又给我找了几份工作。到华人区去教汉语和做中文校对，可是我都不是很喜欢，很快就放弃了。后来你又帮我找到一份报纸供稿兼职，每期要做一个介绍中国饮食的小专栏。因为做得比较出色，后来开始为这家报纸的海外版供稿，内容比较灵活。我学的是经济专业，我必须承认我的英文还是不够优秀，所以开始的时候做得很吃力，但是，我是真的很喜欢这份兼职。经过我的坚持不懈地努力，我做得越来越好，获得了总编的认可，开始长期供稿。这份兼职我在国外读研两年一直在做。直到我后来硕士毕业，父母勒令我回国，我还给财经专栏和文化专栏的中文版供稿。

我回国了。在父母的强烈要求和你的建议下。我其实对我自己的何去何从是没有答案的。

我没有想到的是，几年之后的今天，我已经创办了一个时尚杂志《美谍》，在如今纸媒全面瘫痪衰败的今天，她傲然屹立，已跻身国际时尚界的顶尖品牌杂志行列。

我也忙来忙去，飞来飞去。如你一样。

这是不是算成功了呢？

可是，那源头是因为你，授之以渔。

3

而于我，我觉得我很失败。

我大学毕业的清单上只有一个未完成项——没能完成和托尼的恋爱。这个未完成项我拖延了八年。是的，至今，已经八年过去了。

我还常常想念从派出所出来那个夜晚的雪花和肉串，我还想念和你一起在舞台上表演的那个跨年夜的星空，我还常常想起那个雨夜你骑着单车向我飞过来的样子……这一切，还那么真切，时时敲击着我的心。

可是，从什么时候起，我们之间的距离总是这么遥远？所以，我常常唱起那首《不想长大》。果然，长大了就什么都变了。

长大后，我们总是隔着千山万水的距离。

长大后，你就变得很遥远。亲爱的托尼哥哥。

从前你的父母和我的父母很有默契地不和，现在他们又很有默契地催婚。我们是不是应该默契地反击他们一下？

已经八年过去了，亲爱的托尼哥哥。人生没有很多个八年时光。

这八年里，我知道你飞来飞去，你的旅程在整个世界版图，可是其实你的心的旅程只在方寸之间，只在我这里。你不肯承认是因为害怕给不了我足够的安全和幸福，我说的对吧？

在我的过往的人生旅程中，处处都有你的呵护和足迹。

而我，在抵达你的心里的这段旅程，已经跋涉了八年之久。我努力变成一个优秀的女孩，变成一个让自己骄傲、让你觉得自豪的女孩。为这一天，我也努力了很久。每一天，你都是我前进的方向和动力。

所幸，我常常看到你在路上给我留的灯。每一盏灯。它们照耀我勇敢前行。

现在，你已经看完这封求婚信。

现在，请你打开门吧，我就站在你的门外。

我亲爱的托尼先生，你可否接受我的最诚挚的心意？我愿意和你在一起。永远。

山水一程又一程，万里乘风，唯愿与你同行。

你就从了吧！

谢谢你，一直将我记在你心上。

余生那么长，想请你将我一直捧在心上。

岁月千万次拷问，
我千万次追寻

七月，万里飘香，山川徜徉。

七月，夏日最盛，草木正旺。

七月，又到了各种音乐节的时光。

草莓音乐节、芒果音乐节、爵士音乐节、电子音乐节、氧气音乐节……各种音乐节频繁登场，带着夏日的热烈和奔放，充斥着激动的尖叫、高歌，叫醒你的耳朵。

我是谁，我从哪里来，我要到哪里去？在高亢的乐音中我再一次想起这永恒的哲学问题。不如就以歌曲为岁月的刻度，寻找这世上无数多个我。

上帝的磨盘磨得很慢，却磨得很细。我们就如在上帝的磨盘下，每一天都只有一点点微小的变化，可是，这千百万个细微的变化，就构成了我们人生的巨大本体。我有点儿羡慕齐天大圣，他随意拔出几根毫毛，轻轻吹口气就变出来无限多个大圣。我也向往如此，站在无数面镜子前，寻找无限多个我。可是这无限多个我，如此雷同，难以分辨，或许当他们都唱起自己最爱的歌，才能分清是哪一时期的我。

1

嘿，那个唱着《七里香》的我，你一定是刚刚坠入爱河的17岁的我。懵懂，勇气气吞山河。你觉得你的喜欢可以执着得天下无敌。你喜欢上了一个穿着白衬衫，身上总是有种草木清香的男孩，他的一颦一蹙，他的每个细胞，每个动作，每一个声调，甚至他的书本、他的课桌好像都透着香气。你迷恋他的白衬衫，迷恋他的香气。你怀疑他该不是电视剧里的香妃重生附体，你更加好奇为什么蝴蝶、蜜蜂对这种香气会不睬不理。你在远远的距离陪伴他走过春夏秋冬，他却心无旁骛毫无察觉，终于以优异的成绩考上理想大学。你没能和他考入同一所大学，他并不知道你的爱慕，多年后你也并没提起，你们天各一方，这段情愫也最终隐没在岁月的长河里，悄无声息。

当然，在后来的后来，你终于知道，那股奇异的香气来自阳光、香皂和薰衣草的融合，在岁月深处氤氲蒸腾成美好的印记。从此，你也有了自己的香气，那是干花的味道，经岁月沉淀，有着更悠长而纯粹的芳香。

嘿，那个单曲循环《9.8m/s》的21岁的我，你大学就要毕业，却应了那句话——毕业就失恋。你们因不同的人生选择分道扬镳。你剪了短发明志，你一遍又一遍单曲循环这首你和他共同爱唱的歌。终于在第n次听哭了以后，你将其删除。你又看了新海诚《秒速5厘米》，你忍着泪水发了微博——“樱花以每秒5厘米的速度落下，我却以每秒9.8米的速度坠入爱河。是我速度太快。所以，分手快乐！”

在那个玫瑰色的青春里，你曾为一个少年责无旁贷地笑，责无旁贷地悲伤，责无旁贷地捧场，责无旁贷地骄傲。那是你至尊的荣耀。

你多希望可以荣耀一生，到老。

然而，你终于失去了这份荣耀。他送你一句——望你安好。你醉着，又哭又笑。

2

嘿，那个唱着《双节棍》的22岁的我，你一半为了赌气一半为了找回自己，就那么决定出国游学去了。到了美国才发现，还是中国好。

你在美国大街上开始想念汉语，北京话、上海话、四川话、广东话、东北话，哪哪的方言都好。偶然遇到有人讲中国话，你激动地就要跟老乡握手拥抱。你唱的这首《双节棍》也成了学校里的流行歌曲。那时候你很骄傲地觉得，这首歌在海外的传播你也贡献了不小的努力。度过了最初的艰难，你开始看到了自己的实力。你发现，你虽然并不勤奋，成绩在全校的排名却总是靠前。哦，这时候你慨叹祖国应试教育是多么强大，无形中这些年你已经掌握世界领先级考试水平，不比不知道，一比吓一跳，在那些白人姊妹黑人兄弟面前都很无敌。他们不由得叹服，摇头叹息。“Yes, I am Chinese！”你骄傲地说。

还有，你无比惊讶地发现，原来美国人对中国饮食是那么推崇。你象征性地拿出父母的手艺，随便做几道菜就收服了他们贫困的胃和贫乏的味蕾。看着他们吃得像饿了三天的灾民，你在心里不由得嫌弃——就这，连中国随随便便的美食都能打败你们，谁给你们嚣张的底气？！

你更加惊讶地发现，外国帅哥对亚裔女生都很倾慕。他们从来没见过你这样又桀骜又有实力的小女生，好几个人对你表白心意。你受宠若惊地说：“谢谢，你们的好意我心领了，只是，我很爱国，我的爱人应该在中国，在等我回去。”

一年的游学生涯结束，你真的找回了自信，找到了一个新的自我，还顺带收获了友谊。你顺利在一家大型互联网公司入职。尽管父母希望你回到老家就职一份轻松愉快的工作，可是你说：不，我不会回去。

3

嘿，那个唱着“借我十年，借我亡命天涯的勇敢，借我说得出口的信誓旦旦，借我孤绝如初见……”的你，是 23 岁的我吧？你还是不顾父母的反对加入北漂行列。你怎会知道等待你的是严苛的煎熬。

“北京有什么好？”家里人问。

“我喜欢，北平那么美。”你总是喜欢“北平”两个字。

可是你并没有如想象般开心。你开始了漫长的租房和忙碌的工作。你工作做得并不开心，到了第三年，你倾尽全力地付出并没有获得应有的升迁和上司的赏识。工作中的屡屡不如意让你很受打击。你开始怀疑世界，怀疑人生的意义。为什么人人都要戴上假面具，为什么说真话、办实事的真正努力领导看不见，反倒是浑水摸鱼、拈轻怕重者能事事如意？你的发问振聋发聩，领导却充耳不闻。

你失望至极，你怀念天真，可是你仍然相信心里的真。

你一纸辞职书结束了三年的努力。

好吧，生命在于折腾。没折腾过的人生不完满。

4

嘿，那个唱着“他的幼稚我的固执，都成为历史。破的城市平淡日子，他要寻找生活的刺”的姑娘，你是还在折腾中的26岁的我吧？你没有想到，在美国游学期间漫不经心选修的视觉艺术课程，竟然在此刻发挥了奇效。

父母劝说你回到家乡，你还是那句话——不回，北平那么美。

你在北京的大街上四处游荡，不时对人生的艰辛发出慨叹。一个偶然，你看到了一家大型广告公司正在招聘视觉设计师。于是你准备了简历投递了过去，很顺利地，一周后收到面试通知，之后，你被顺利录用。很快，你只经过了半个月的实习期便破格从初级视觉设计师晋升为视觉设计师，又晋升为中级设计师。

生活像布满刺的网，将你包罗，刺得你生疼。可是，你也只是对那些可见和不可见的困难视之一笑。你想起老电影《赌王》和《赌神》，赌神在赌场出神入化，功夫了得，一盏茶的工夫，于静谧之中掩藏风声鹤唳，在精美之中感觉到十面埋伏，笃定的眼神背后是奔腾的千军万马。

你最喜周润发的潇洒和笃定，那一回眸，一转身，可以秒杀整个世界，天地之间，竟有如此潇洒俊逸。周润发演绎过的每个硬汉角色，举手投足都给人以对人生和命运的笃定。也正是这种笃定，赢得了亿万观众的心。

我们所缺憾的，人生中最珍贵的恰恰是这种笃定。不论做什么，都全力以赴，如此才会无憾。无憾于自己内心，也无憾于自己的人生。以信念和努力去赌未来，无论输赢。

“来吧！让暴风雨来得更猛烈些吧！”你倔强地说。

5

嘿，那个唱着“没有什么能够阻挡，你对自由的向往……心中那自由的世界，如此的清澈高远，盛开着永不凋零的蓝莲花”的我，你已是大学毕业7年后的我。你已经从公司的首席UI晋升为设计小组长，再晋升为设计储备主管。你对于从前的失恋，对于少女时代对口红和背带裙的执念，对高跟鞋和栗色长卷发的向往，以及从前的各种隐秘的心事现在都会淡然一笑，轻松释然。

并且，在那个夏天，你遇见了你的爱情。

他和你的相遇有点儿传奇。他是从海外听到你的大名，看到你的大作，飞越太平洋来到你的身边，他回国只为找到你。那个清晨还有薄雾，他拎着手提箱在薄雾中向你走来。他的轮廓渐渐清晰，你的眼睛却渐渐有些朦胧，因为你有了某种预感，为何此景恍如旧曾谙。

万里姻缘一线牵。你们一见如故，你们迅速相爱了，也成为并肩的战友和知音。

再之后，你又自由主义泛滥，开始折腾，你和他开了公司，创立了自己的品牌。

“即便这个时代没有武林大会，我仍要和自己华山论剑。因为信念和信仰，以及对信念的忠贞。”你说。

一切归零，你们又重新出发。不过，是带着幸福和希望出发。

越过千山万水，你们一起奔跑在路上，爱会因时光的淬炼更加醇厚。

6

就让时光在音乐的乌托邦肆意蹉跎。我所怀念的，我所依恋的，我所铭记的，我所向往的，都和着歌。梦想从未陨落。

岁月千万次拷问，我千万次追寻。

回眸，往事绚烂，我在时光之外静默。

人间浩水汤汤，天籁声声，惊起群山飞鸟，方知时光正好。

王菲曾唱：“一整个宇宙，换一颗红豆。”可是我比较贪心，我要用一整个宇宙换一颗红豆，还要美好永久，任岁月漂流。